烟尘烟气连续自动监测系统运行管理培训教材
编委会名单

主 任 委 员：赵英民

副主任委员：焦志延　魏山峰　胥树凡　王开宇

编委会成员：赵英民　焦志延　魏山峰　胥树凡
　　　　　　王开宇　洪少贤　李向农　刘来红

本书编写人员名单

主　　编：滕恩江

副主编：杨　凯　贾　宁　孙海林

编　者（按姓氏笔画排序）：
　　　　　王　强　王晓慧　闫　盟　闫兴玉　孙海林　李　亮
　　　　　李虹杰　杨　凯　吴讯海　迟　郢　张东升　贾　宁
　　　　　郭　伟　尉士民　鲁爱熹　鲍自然　滕恩江

烟尘烟气连续自动监测系统运行管理（试用）

环境保护部科技标准司　组织编写

化学工业出版社

·北京·

本书重点讲述了烟气连续排放监测系统（CEMS）的原理、组成、使用和运行管理。通过本书的学习，读者能够快速掌握烟尘烟气连续自动监测系统运行管理的方法，以适应"十一五"期间我国环境保护的更高要求。

本书适于各级环境监测机构、企业环境监测部门技术人员，以及相关领域科研人员和高校师生使用。

图书在版编目（CIP）数据

烟尘烟气连续自动监测系统运行管理/环境保护部科
技标准司组织编写. —北京：化学工业出版社，2008.6（2018.7重印）
ISBN 978-7-122-03369-7

Ⅰ. 烟… Ⅱ. 环… Ⅲ. 烟尘-自动化监测系统-管理
Ⅳ. X513.2

中国版本图书馆 CIP 数据核字（2008）第 103628 号

责任编辑：王 斌　　　　　　　　装帧设计：刘丽华
责任校对：李 林

出版发行：化学工业出版社（北京市东城区青年湖南街 13 号　邮政编码 100011）
印　　装：北京盛通数码印刷有限公司
787mm×1092mm　1/16　印张 12¼　字数 301 千字　　2018 年 7 月北京第 1 版第 12 次印刷

购书咨询：010-64518888　　　　　　售后服务：010-64518899
网　　址：http://www.cip.com.cn
凡购买本书，如有缺损质量问题，本社销售中心负责调换。

定　　价：50.00 元　　　　　　　　　　　　　　　　版权所有　违者必究

序

党中央、国务院一直高度重视环境保护。进入新世纪，特别是"十六大"、"十七大"以来，党中央将增强可持续发展能力，改善环境作为全面建设小康社会的目标之一，并提出树立和落实科学发展观，构建社会主义和谐社会，强调建设社会主义生态文明。为贯彻落实《国务院关于落实科学发展观加强环境保护的决定》、《国务院关于大力推进职业教育改革与发展的决定》精神，建立污染治理长效机制，提高环境污染治理设施运营管理水平，促进环境服务业的发展，自 2005 年以来环境保护部着手开展环境污染治理设施运营培训并下发了《关于开展环境污染治理设施运营培训工作的通知》，为配合培训工作的实施，环境保护部科技标准司组织编写了系列培训教材。

自 1998 年试点开展环境污染治理设施运营工作以来，全国已有上千家单位从事环境污染治理设施运营服务业。市场化、企业化、专业化的运营管理模式，对于提高环保投资效益、保证环境保护设施正常运行、促进环境污染治理服务业发展、提高环境保护部门对设施运营的监管水平发挥了重要作用。"十一五"国务院提出了节能减排约束性指标，为提高污染物的达标排放率，环境保护部将继续大力推进污染治理设施的市场化、专业化运营，对运营操作人员进行专业化培训是其中的一个重要内容。

培养自动连续监测技能型人才，能够保障在线监测系统正常稳定地运行，降低运行成本，规范运行管理和操作，使管理部门准确、及时地监控污染物处理效果，防范环境污染事故的发生。《烟尘烟气连续自动监测系统运行管理》（试用）的及时出版，必将为环境污染治理设施运营培训工作的顺利开展打下良好的基础。

相信本书将对我国环境污染治理设施运营服务业的发展起到极大的推动作用。

赵英民
2008 年 7 月

目　　录

0 概述

0.1 CEMS 的含义

CEMS 是英文 Continous Emission Monitoring System 的缩写，即烟气连续排放监测系统。该系统对固定污染源颗粒物浓度和气态污染物浓度以及污染物排放总量进行连续自动监测，并将监测数据和信息传送到环保主管部门，以确保排污企业污染物浓度和排放总量达标。同时，各种相关的环保设备如脱硫、脱销等装置，也依靠CEMS 的数据进行监控和管理，以提高环保设施的效率。

"十一五"期间，CEMS 系统主要监测的污染物和烟气参数如下。

污染物主要有：二氧化硫（SO_2）、氮氧化物（NO_x）、颗粒物。

烟气参数主要有：氧含量（O_2）、烟气流速（流量）、烟气湿度、温度和压力等。

根据燃料的不同及燃烧工艺的不同可能还要监测：一氧化碳（CO）、氯化氢（HCl）等。

0.2 烟气排放连续监测系统（CEMS）的组成

一套完整的 CEMS 系统主要包括：颗粒物监测子系统、气态污染物监测子系统、烟气排放参数监测子系统、数据处理子系统四个部分。

颗粒物监测子系统 主要对烟气排放中的烟尘浓度进行测量。

气态污染物监测子系统 主要对烟气排放中 NO_x、SO_2、CO、CO_2 等气态方式存在的污染物进行监测。

烟气排放参数监测子系统 主要对排放烟气的温度、压力、湿度、含氧量等参数进行监测，用以将污染物的浓度转换成标准干烟气状态和排放标准中规定的过剩空气系数下的浓度。

数据处理子系统 主要完成测量数据的采集、存储、统计功能，并按相关标准要求的格式将数据传输到环保局。

CEMS 的性能、技术指标、安装、调试及运营应当符合《固定污染源烟气排放连续监测系统技术规范》（HJ/T 75—2007）和《固定污染源烟气排放连续监测系统技术要求及监测方法》（HJ/T 76—2007）中的相应规定。

0.3　烟气排放连续监测系统（CEMS）的测量原理

目前已安装的 CEMS 包含了各种原理和测量方式，例如，气态污染物 CEMS 采样方式涉及完全抽取系统、稀释抽取系统和直接测量法。测量原理涉及红外光谱法、紫外光谱法、化学发光法、电化学法。颗粒物 CEMS 涉及不透明度（浊度）法、散射法、闪烁法等。流速测量原理主要有皮托管、超声波、热传感器等。用铂电阻或热电偶温度计测量烟气温度。烟气含氧量是一项十分重要的参数，主要测量方法为氧化锆法、顺磁技术（磁风、磁力矩和磁压）及电化学法测量。

0.3.1　气态污染物测量系统

气态污染物 CEMS 采样方式主要有完全抽取系统、稀释抽取系统和直接测量法。

完全抽取系统是采用专用的加热采样探头将烟气从烟道中抽取出来，并经过伴热传输，使烟气在传输中不发生冷凝，烟气传输到烟气分析机柜后进行除尘、除湿等处理后进入分析仪进行分析检测。

完全抽取系统分析仪采用的分析原理主要是红外光谱吸收原理和紫外光谱吸收原理，它利用污染物分子的特征吸收波长，能够区分不同种类的污染物（例如，SO_2 吸收 $7.3\mu m$、NO 吸收 $5.3\mu m$ 的红外光；SO_2 吸收 $280\sim320nm$、NO 吸收 $195\sim225nm$、$350\sim450nm$ 的紫外光）。

完全抽取系统应用广泛，但采样系统和烟气预处理系统复杂。

稀释抽取系统是采用专用的探头采样，并用干燥、清洁的氮气或压缩空气进行稀释后再经过不加热的传输管线输送到分析机柜，经过除尘除湿等处理后进入分析仪进行分析检测。

稀释抽取系统分析仪采用的主要分析原理如下。

SO_2 采用紫外荧光分析原理，SO_2 紫外荧光分析仪是基于 SO_2 分子在特征波长处吸收紫外光，并在不同的波长处再发射。分析仪器含有连续的或脉冲的紫外发射光源。用带通滤光器产生 $210nm$ 左右的狭窄波带。来自受激发分子发射的光首先通过一个滤光器，然后到达光电倍增管检测器。在特征波长接受的光正比于 SO_2 分子数。

NO_x 采用化学发光法分析原理，化学发光法分析仪利用 NO 和 O_3 反应产生约 $500\sim3000nm$ 的辐射，利用滤光片选择约 $600\sim900nm$ 范围内的光。观测此窄带范围内化学发光辐射的总强度确定 NO 的浓度。

稀释气体的质量以及稀释比的严格控制将显著影响测量准确度。

直接测量法是指分析仪直接安装在烟道上，测量光直接穿过烟道中的被测量烟气进行检测。其分析原理主要采用紫外差分吸收光谱（DOAS）法。

0.3.2 颗粒物测量系统

颗粒物 CEMS 主要原理有：浊度仪和光散射检测仪。

浊度仪的原理是基于光通过含有颗粒物和混合气体的烟气时颗粒物吸收和散射测量光从而减少光的强度，通过测量光的透过率来计算颗粒物的浓度。

浊度仪可以设计为单光程或双光程。双光程仪器在烟道对面安装一反射器将测量光返回，测量光通过烟气两次。

烟气中气体组分的干扰通常可忽略不计，但水滴除外。仪器通常不适合在湿法净化设施后测量，除非再加热烟气到高于水的露点温度。

颗粒物组成和粒径的变化影响这类分析仪的校准，工厂运行发生大的变化和改变了燃料后必须重新校准系统。

光散射检测仪原理是当光射向颗粒物时，颗粒物能够吸收和散射光，使光偏离它的入射路径。散射光的强度与观测角，颗粒物的粒径，颗粒物的折射率和形状，以及入射光的波长有关。光散射分析仪是在预设定偏离入射光的一定角度测量散射光的强度。向所有方向散射光的强度与颗粒物的粒径分布和形状有关。同样，水滴对仪器测量也有影响，也需要用手工比对的方法对仪器进行校准。

0.3.3 含氧量测量系统

测量烟气污染物排放必须测量氧气实际浓度，以便能够将排放浓度折算。氧的监测方法主要有：氧化锆分析仪、顺磁氧分析仪、化学电池。

氧化锆分析仪通常有直接测量法，即测量探头在烟道中。还有烟道抽取式，即采样探头插入烟道，测量池安装在烟道上离烟道一定距离的分析仪中（需要样品输送管路）。

氧化锆分析仪测量 O_2 依据的原理：在电解质中，由于化学电位不同，电流将在电解质或含有不同浓度的化合物种类的气体之间流动。典型的测量池中，ZrO_2 作为电解质和高温催化剂，产生氧离子。池的两侧，焙烧上一层铂，形成烟气一侧的电极和与含有 O_2 的参考气体（通常为空气）接触的参考电极。池的温度必须加热到约 600℃。

氧化锆分析仪可以非常精确和可靠地测量 O_2。低成本但要得到较高精度需经常维护。测量的是湿基氧的浓度，计算干基浓度时，还必须测量烟气湿度。

顺磁氧分析仪是利用氧气的顺磁性测量 O_2 浓度。

化学电池原理测量氧含量是利用电化学燃料电池产生的电流正比于样品中的含氧量。电化学燃料电池的交叉敏感性小，传感器的使用寿命大约是 6~18 个月，平均寿命是 12 个月。一般情况下该类型的传感器用于便携式分析仪，是理想的便携式仪器。

目前已经将 O_2 电化学燃料传感器用于连续监测系统，和前述仪器组成连续分析仪。

0.3.4　流速测量系统

测量烟道或管道气体流速的测量方法有：皮托管差压法、热传感系统、超声波流速检测。

S 型皮托管由两根小管组成，一根管面对气体流动的方向，测量气体的冲击压力或动压，为了准确地测量体积流量，还必须测量烟气的温度、压力。定期用压缩空气反吹能够克服颗粒物和水滴引起探头的堵塞或结垢的问题。S 型皮托管准确测量低压差均比较困难，实际测量最小压差约为 5Pa，能够测量的最低流速为 2～3m/s。

热传感系统是通过把加热体的热传输给流动的烟气进行工作的。气体借热空气对流从探头带走热，并导致探头冷却。气流流经探头的速度越快，探头冷却得越快。供给更多的电量维持传感器最初的温度，对于加热丝类型的传感器，气体的质量流量正比于供电量。热传感系统不适合含有水滴的烟气流速测定。

超声波流速检测器测量超声波脉冲顺气流方向和逆气流方向的传播时间。位于烟道或管道对面的两个发射/接收器典型的角度是 45°。每个发射/接收器压电式换能器发射超声波脉冲跨越烟道到达对面的发射/接收器。脉冲信号跨越烟道或管道的速度取决于烟气的流速。该方法测量的是烟气体积流量。

0.3.5　烟气湿度测量系统

由于我国在计量污染物浓度和排放量时，实行的是标准干烟态下的计量标准，所以对于流量、颗粒物浓度、SO_2 浓度、NO_x 浓度、O_2 浓度等数据需要根据测量的烟气湿度进行干烟态的修正。

烟气湿度的测量主要有直接测量法和干湿氧法。

直接测量法：采用电容式传感器，探头直接插入烟道中，探头周围采用特制的过滤器进行保护。

干湿氧法：通常利用插入式氧化锆探头直接测量烟道中的湿态氧含量，利用完全利用抽取法将烟气抽取后降温除湿，测量出干态氧含量，经计算后得出烟气湿度。

1 抽取式 CEMS

1.1　固定污染源连续监测的采样方式

气态污染物连续监测的对象主要为二氧化硫、氮氧化物、氯化氢、硫化氢等有害气体和一氧化碳、二氧化碳等燃烧物，主要对其进行排放浓度和排放量的计算，同时监测氧含量。仪器的采样方式目前主要分为两种，即抽取采样法和直接测量法，抽取采样法又分为采样稀释法和直接抽取法；直接测量法又分为内置式测量和外置式测量。见图 1-1。

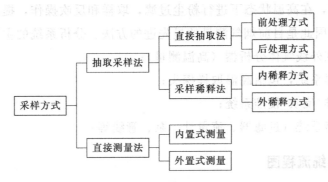

图 1-1　采样方式分类

直接抽取法是直接抽取烟道中的样气进行分析的方法，由于各种分析仪对样品气的洁净程度要求较高，所以采用直接抽取法对烟道气进行连续监测，必须配有一整套的烟气处理系统，系统中对样品气的处理占了较大的比重。按照样气处理的地点，可分为前处理方式和后处理方式。

为了提高测量精度，避免由于稀释比例难以精确控制而带来的误差，气体分析仪器采用红外吸收、紫外吸收及其他测量原理，使仪器本身的测量范围可以覆盖被测气体的所有量程，即可以采用直接抽取法。

直接抽取系统是直接从烟道或管道抽气、滤除颗粒物，将烟气送入分析仪的系统。该系统有三种类型：

① 热——湿系统；

② 在探头后装有冷凝——干燥系统；

③ 在分析仪前装有冷凝——干燥系统。

1.2　直接抽取法—热湿法

直接抽取法—热湿法是指加热采样管和输送气体到分析仪的管路，加热温度必须高于气体冷凝的温度。把热湿气体送入分析仪，至少要在探头上装有粗过滤器以除去颗粒物；对于易溶于水的气体，必须加热，必须小心维持从探头到分析仪所抽取的气样的温度高于露点。如果加热系统发生故障，湿气将迅速地冷却并污染整个系统，由此可能会腐蚀系统的部件、造成堵塞，甚至会引起分析仪故障和损伤，致使整个系统崩溃。

1.2.1　热湿系统的特点和使用

烟气中气体成分复杂，含水量高，有些成分如 HCl、NH_3 极易被吸附，测量难度很大，例如垃圾焚烧排放。采用直接高温测量方法，能够对包括水和 HCl、NH_3 在内的污染物进行多组分同时测量。因为在测量过程中气体不降温，气体成分不变，腐蚀减少。同时，在高温状态下进行粉尘过滤，取样和反吹操作，提高了效率，延长了无维护时间。因此是目前烟气测量的最先进的方法。分析系统的主要技术包括：

① 多组分红外线气体分析器（高温测量）；
② 高温取样系统，包括高温取样探头；
③ 高温取样/反吹/校准系统；
④ 高温气路系统（过滤器、流量计、泵、管线等）。

1.2.2　热湿系统流程图

热湿系统流程如图 1-2 所示。

系统由取样系统和高温多组分红外分析仪组成。取样系统包括带加热过滤器的高温取样探头，高温条件运行的测量/反吹/校准阀组和伴热取样管线。系统机柜内组装有高温测量系统，包括使用高温测量气室的多组分红外光度计、高温取样泵、高温流量计和加热样气传输管线。

上述结构设计保证所有与气体介质接触的组件温度均高于烟气的（酸）露点，不会被烟气腐蚀。因而在取样过程中除减少了气体的粉尘浓度以外，其余的所有成分均保持不变。特别是没有水分损失，这样，不仅可在需要时进行气态水分的测量，同时避免了除水造成的测量误差和设备腐蚀。用于分析仪的电子线路和加热控制单元集成在机箱内，方便检修和维护。被检测成分的浓度以线性的 $4\sim20mA$ 连续输出。同时，状态信号也能够连续地输出。此外，可以通过数字通讯接口连接到计算机上。

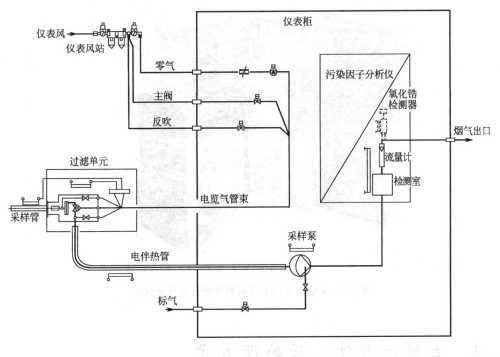

图 1-2 热湿系统流程图

1.3 直接抽取法—前处理方式

在气体进入分析仪前进行处理，已广泛用于抽气系统的设计中，其目的是降低烟气温度低于环境温度并除湿，以冷却和干燥气体。可在探头或分析仪前处理烟气，直接在探头后处理的方式我们称为前处理方式。

抽取系统处理烟气后，能比较灵活地选择分析仪，当按干烟气计算排放量或测量多种气体时通常采用这种技术。抽取系统不像有的系统那样复杂，当出现应用问题时，能灵活地适应工程的变化，系统的组件易于改进或更换，便能符合系统的技术指标。

除去烟气中的水分，在输送过程中就可避免与冷凝有关的问题。在探头处理的优点是不需要加热采样管，但对处理系统进行维护时不太方便；若采用后处理方式，在分析仪前处理，虽然便于检查处理系统，但必须使整个采样管保持适当的温度。

为了避免使用加热管带来的麻烦，可以在探头上应用致冷技术或化学反应除水技术除去烟气中的水分，使采样气体成为干烟气，这样就可以不考虑加热传输的问题。但是探头部分变得比较复杂。应该指出，即使采样气体是干烟气，传输距离太远仍然会使样品气体的浓度发生变化，造成测量误差。图 1-3 所示为采用前处理方式对烟气进行处理的仪器。

图 1-3　采用前处理方式对烟气进行处理的仪器

1.4　直接抽取法—后处理方式

采用后处理方式，即在分析仪前处理，虽然便于检查处理系统，但必须使整个采样管保持适当的温度。由于气体传输途中环境温度远远低于采样气体温度，会造成传输管道结露而损失 SO_2、NO_x，并腐蚀管道，所以要对采样探头、烟尘过滤器和传输管路加热。加热采样的目的是为保证采样气体在流动过程中能保持一个稳定的温度，并且保证在流动过程中不会因传输管道温度低于采样气体露点温度而结露，进一步水解 SO_2、NO_x 给测量带来误差。按规定加热采样管路的长度每一节不能超 15m，管路内必须有 3 个测温探头，以保证控温精度。为了保证加热管的正常工作系统必须有一套稳定的控温装置。环境温度的剧烈变化会给温度控制装置带来麻烦。

图 1-4 为典型的直接抽取法—后处理方式流程图，其主要流程为具有加热装置的烟尘过滤器将样气采集至伴热带输气管路，通过两级冷凝脱水后，经细过滤器进入分析仪，对烟气含量和浓度进行分析。

它的工作过程为含尘烟气被抽入烟气采样器，烟气采样器中有烟尘过滤装置及加热装置，滤过烟尘颗粒物的样品气经加热保温的传送管，进入第一级汽水分离器，对水汽进行粗过滤，对颗粒物进行细过滤。然后对其进行冷凝，冷凝过程中对水进行了分离，然后样品气进入第二级汽水分离器，经再次过滤后，已满足仪器对样品气的要求，进入分析仪。

抽取系统处理烟气后，可以选用各种各样的分析仪，当出现应用问题时，能灵活地适应工程的变化，系统的组件易于改进或更换，便能符合系统的技术指标。

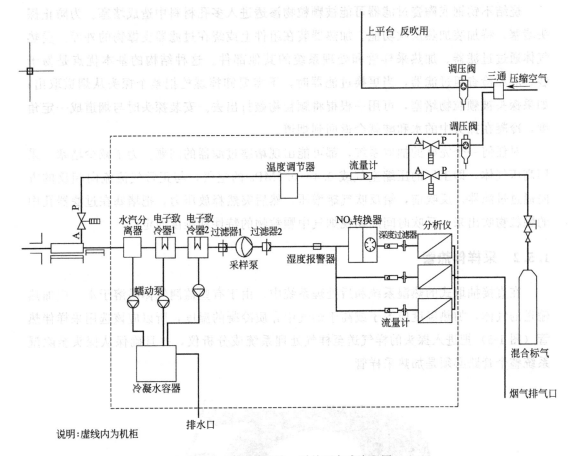

图 1-4　直接抽取法—后处理方式流程图

1.5　抽取系统部件介绍

抽取系统的基本组成为：采样探头、采样伴热管、过滤器、除湿系统、采样泵、气体分析仪等。抽取系统的运行取决于系统的整体设计和每个部件的质量，下面针对每一个部件作出介绍。

1.5.1　采样探头

由于烟气中含有大量的粉尘和腐蚀性气体，会导致探头被烟气中的颗粒物堵塞，特别是烟气含湿量高时，水蒸气可能冷凝，与颗粒物结合在一起形成块状物，更易使探头堵塞。为减少堵塞，可在探头的一端安装过滤器。对于加热型烟尘过滤器的烟尘堆积，系统可在烟气采样器加装反吹功能。

探头的过滤器由烧结不锈钢或多孔陶瓷材料制成，防止颗粒物进入采样管。烧结金属由微米粒径的金属颗粒物在高温、高压下压缩而成。金属形成的孔隙度与压力有关。烧结不锈钢能滤去粒径 $1\mu m$ 以上的颗粒物。

烧结不锈钢或陶瓷过滤器可能被颗粒物渗透进入多孔材料中造成堵塞。为防止探头堵塞，特加装加热反吹功能。加热器装在组件上或绕在过滤器支撑物的外面。受热气体通过过滤器、加热采样管和处理系统的其他部件。这种结构的基本优点是易于装、取和检查粗过滤器，当更换过滤器时，不需要卸掉螺栓把整个探头从烟道取出；如果探头被颗粒物堵塞，可用一根棍将颗粒物敲打出去。安装探头时与烟道成一定角度，冷凝在探头中的水和酸就会返回到烟道。

对任何一个完好的抽取系统，都可能出现堵塞过滤器的问题。为了减少堵塞，采用高压气体，即工厂的压缩空气或 $0.4\sim0.7$MPa 的空气，与正常气流流向相反的方向通过过滤器。反吹前，给反吹气罐增压，然后突然释放压力，把堵塞在过滤器孔中的颗粒物吹出来，反吹时间周期视烟气中颗粒物的特性和维度而定。

1.5.2 采样伴热管

在直接抽取式的热湿系统和后处理系统中，由于有些监测气体易溶于水，应加热输送的气体，加热温度应等于或高于烟气中介质冷凝的温度，所以应该选用采样伴热管（图 1-5）把进入探头的样气送至样气处理系统或分析仪，并且确保从探头至除湿系统整个管路必须是加热采样管。

图 1-5　采样伴热管

对于长采样伴热管，涉及的一些实际问题有：

① 保持整个采样伴热管均匀的温度比较困难；

② 在冷凝器的低凹处，冷凝的水和酸会导致系统的腐蚀增加；

③ 如果在探头处没有充分滤除细颗粒物，管路会堵塞，而从加热管中除去颗粒物是很困难的；

④ 如果加热丝断了，难于发现断裂处；

⑤ 采样管会因冷凝物或与采样管发生反应的物质而被污染，消除污染同样是困难的。

所以在现场安装时要尽量减少伴热管的长度。适宜伴热管的长度通常不超过 76m。

在安装过程中，为防止采样伴热管堵塞，从探头到除湿装置或分析仪的整条管路，其倾斜度不得小于 5°；因为加热时采样管会弯曲，应注意防止采样管出现凹陷，凹陷处可能发生冷凝；也要避免加热管路自身或与其他管路绞在一起。

采样伴热管的加热方式分为两种：一种是恒功率电热带；另一种是自控温电伴热带。

（1）恒功率电热带

恒功率电热带是将两根相互平行的镀镍铜绞线包覆于氟化物绝缘层中，作为电源母线，并且在内绝缘层外缠绕铬合金电热丝，每隔一固定距离即将电热丝与导线焊接，形成一连续并联的电阻，当电源铜母线通电后，各并联电阻随之发热，即形成一连续发热的电热带，如图 1-6 所示。

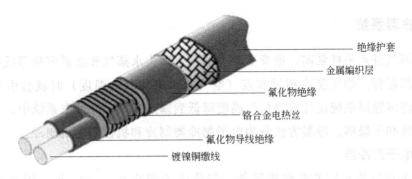

图 1-6　恒功率电热带

在恒定功率下，也可自动调节功率加热采样管。自动调节功率加热方式更适合连续排放监测系统，因为当环境温度下降时（如冬季，温度降到 0℃ 以下），将保持采样管在规定的最小温度下运行，当环境温度上升时，保证采样管不超过规定的最高运行温度。采样管、反吹管、零气——校准气体管以及电缆都可捆扎在一起，也可把热电偶装在采样管内，监测温度的变化，当温度低于规定值时发出告警。

（2）自控温电伴热带

自控温电伴热带是采用 PTC 材料进行加热的技术。

PTC 效应即电阻正温度系数效应（Positive Temperature Coefficient），特指材料电阻随温度升高而增大，并在某一温区急剧增大的特性。具有 PTC 效应的材料称为 PTC 材料。自控温电伴热带于两平行金属导线间，用半导体网状结构的高分子覆于其上成为加热单元，再于其外层包覆一聚烯烃高分子绝缘层，当环境有强化或耐蚀要求时，可外加编织氟聚合物外被。当电流进入一导线后穿过导电性高分子材料到达另一导线而形成一回路。电能将使导电性 PTC 高分子材料升温，此时 PTC 材料之电阻随之增加，当 PTC 达到转化温度时，PTC 材料之电阻激增并大到可阻断电流，使电伴热带之温度不再升高，由此达到其自控温度的目的，如图 1-7 所示。

采样管材料大多数系统采用 PFA 特氟隆或 316 号不锈钢，防止发生化学腐蚀和

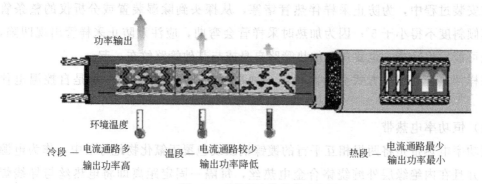

功率输出

环境温度

冷段 — 电流通路多 输出功率高　　　　温段 — 电流通路较少 输出功率降低　　　　热段 — 电流通路最少 输出功率最小

图 1-7　自控温电伴热带示意图

管壁吸附。

1.5.3　除湿系统

在热烟气进入采样泵前，通常要除去湿气，因为水蒸气和酸雾容易形成酸性液体并腐蚀内部器件。烟气受冷超过露点（空气被水饱和时的温度）时就会引起湿气冷凝，因此许多除湿系统设计成将烟气温度降低到露点以下。在抽取系统中，最常见的是冷凝系统和干燥器。冷凝方法分为电子制冷器制冷和机械压缩机制冷。

（1）电子制冷器

半导体致冷器又称温差致冷组件，俗称电子制冷器。1834 年法国科学家珀尔帖发现了一种效应，在两个不同导体组成的回路中通电时，一个接头吸热，另一个接头放热。这就是所谓珀尔帖效应。电子致冷片正是利用这种原理致冷的。它是一种没有转动部件的固态器件，寿命长，工作时无噪声，又不会释放有害物质（如氟氯烃），调节电压或电流时可以精确控制温度。改变输入直流电源的电流强度，就可以调整制冷或制热的功率。同时，通过改变直流电源的极性，就能使热量的移动方向逆转，从而达到任意选择制冷或制热的目的。

半导体电热冷却器是一种轻便、排列紧凑的平板式热交换器，在采样调节系统中应用日渐增多。该装置除了排风扇和蠕动泵外，没有可移动部件。经常遇到的问题是半导体制冷器制冷量比较小，对环境要求比较苛刻，在环境温度较高时不能工作。

（2）机械制冷器

机械制冷器的原理和冰箱制冷一样，有压缩泵和加快热散发的散热片。

为防止螺旋管中的水冻结，温度应不得低于 2℃，液体井用于收集冷凝水，用蠕动泵定期地或连续地排除液体。通常采用自动的方法排除冷凝水（图 1-8）。

压缩机制冷气体制冷器采用了新型的旋转压缩机和环保型制冷剂，体积小重量轻，运转平稳，露点稳定性好。采用两个热交换器减少了二氧化硫等气体在除水过程的损耗，提高了测量精度，减少了结露水对器件的腐蚀，直立型冷却器，确保水分的快速流出，保障管路畅通。压缩机制冷气体冷却器在工作时受环境温度的影响小。但有时氟里昂会泄漏，泵会发生故障或溶液中长藻类。

制冷之后是两级过滤，第一级为 $0.5\mu m$，第二级为 $0.1\mu m$。

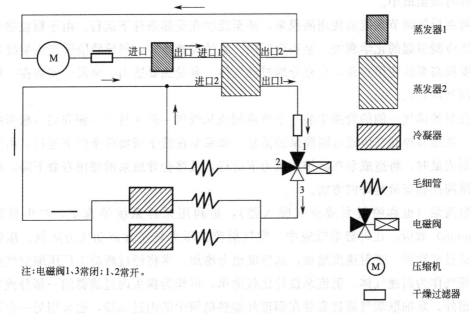

注：电磁阀1、3常闭；1、2常开。

图 1-8　制冷器气路图

（3）渗透干燥器

渗透干燥器具有离子交换膜的独特性能，将一种合成塑料用于特定种类分子的传输。当水蒸气的分压与膜的一侧不同时，水蒸气将被输送。典型的渗透干燥器采用多根管。湿样气进入渗透干燥管中，干的纯净气体从对边管外方向流进。在交换过程中，能够产生向干燥器外壳疏散或由干燥管的出口返回纯净气体的推力。进入渗透干燥器的气体温度必须高于露点，随着干燥管的长度增加，干燥效率也增加，也取决于样气入口的压力和未纯化气体的压力。增加干燥管的数量同样能提高干燥能力。

由于渗透干燥器没有机械部件，所以比制冷器有许多优点。不需要冷却阱，从而避免了冷凝水吸收被测污染物的问题。但渗透干燥器易被冷凝材料的微粒或样气不正确地过滤所引入的颗粒物堵塞。加热干燥器进口一侧，可最大限度地减少液体的冷凝。

1.5.4　采样泵

采样泵是抽取系统的重要组件，用以将样气从烟道传输到分析仪。泵的能力应满足分析仪对抽气量的要求：不漏气，不会因润滑油而被污染。有两类泵能满足上述条件：隔膜泵和射流泵，它们在排放源监测中应用最为普遍。

隔膜泵的工作原理是机械冲程活塞或由连接棒移动活塞。隔膜为圆形，由软金属片、特氟隆、聚氨酯和其他合成橡胶制成。隔膜往复运动，短脉冲方式移动气体，当隔膜上升,气流从下通过吸气阀进入泵的内腔;当隔膜被推下时,吸气阀关闭同时排气阀打开,气体进入采样管。因为只有泵腔、隔膜和阀与气体接触,故被气体污染的可能性将减至最小。

可在样气调节系统前使用隔膜泵,甚至能够在受热条件下运行。由于颗粒物的磨损和酸冷凝引起的化学腐蚀,泵头会耗损。泵的高速运转,将导致隔膜产生裂缝和磨穿,要提高泵的使用寿命,应充分地过滤气体、泵受热要适当、泵最好安装在一级冷凝除湿器的后面。

在泵的排气一侧的管路中装一个节流阀或从吸气一侧至排气一侧安装一根旁路管和阀,就能够控制气体通过隔膜泵的流量。如果泵在低于满负荷条件下运行,由节流阀控制流量时,将造成泵在高排放压力下运行,最终会导致泵的使用寿命下降,因此用旁路阀控制流量是好的方法。

射流泵(也称喷射泵或空气吸入器),是利用采样系统抽真空,产生贝努里(Bernouli)效应。在贝努里效应中,空气射流其压力较正常流动压力降低,压降使样气通过采样管。喷射速度增加,真空度也会增加,常将经过滤的工厂压缩空气或压缩钢瓶气作为高速气体。射流泵设计比较简单,可作为探头内过滤器的一部分或安装在烟道外。泵抽取烟气通过安装在烟道外加热机箱中的内过滤器,通常用另一台隔膜泵把经过滤的样气抽入分析仪中。用喷射泵时,如果不过滤样气,颗粒物可能堆积在泵的环行空间里并变干,遇到此情况,需要用蒸汽替代压缩空气,产生与泵相互作用的推力,清除沉积的颗粒物。

1.5.5　细过滤器

粗过滤器除去样气中的大颗粒物,由于气体分析仪几乎要求完全除去 $0.5\mu m$ 以上的颗粒物,所以要用细过滤器,放置在分析仪的前面。

表面过滤器可以是除去一定粒径颗粒物的滤纸。为使气体通过,滤纸是多孔的。微孔的大小能阻止细颗粒物穿过的块状烧结滤料也用于制造过滤器,可滤去更细的颗粒物。

1.5.6　氮氧化物转换器 ($NO_x \rightarrow NO$)

样气中存在的氮氧化物,常具有 NO、NO_2、N_2O_4 等多种形态,其中除 NO 外,其他形态的相互转化极不稳定,分析 NO_x 总量是有意义的,只有将 NO_x 转化为 NO 才可对仪器进行标定和测量。

氮氧化物转换器的工作原理是,在转换器外部通过加热器加热,使转换器内部温度达到气体与转换器内转换介质催化物质工作条件,样气从转换器一端进入,在转换器内通过吸附作用将 NO_x 转化为成分稳定的 NO,而催化剂不参与化学反应。如图1-9所示。

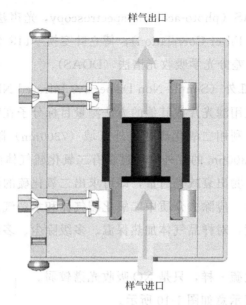

图 1-9　氮氧化物转换器示意图

$$2NO_2 \longrightarrow 2NO + O_2$$

一般氮氧化物转换器的转换效率大于 99%，加热温度大于 180℃。采用不锈钢材质和聚四氟隔热管可使其工作寿命大为增加。

1.6　气态污染物连续监测的分析仪器

一般来说，一台分析仪包含整个系统的控制/显示单元；测量单元（光学部件单元）；信号处理单元等。

1.6.1　非分散红外分析仪

二氧化硫等一些气体污染物在光谱范围的一个区域或多个区域吸收光的能量。SO_2 和 NO 等许多其他气体吸收红外光和紫外光（例如，SO_2 吸收 7300nm，NO 吸收 5300nm 的红外光；SO_2 吸收 280～320nm，NO 吸收 195～225nm 的紫外光）。利用污染物分子吸收特征波长光的特点，根据朗伯-比耳定律，能够测量出不同种类的污染物含量。

杂原子分子，即含有 2 个或 2 个以上不同原子的分子，在红外光谱区域有独特的吸收特征。而对只含有相同原子分子，在红外区域不产生特有的振动，因此红外吸收技术不能够测量同原子分子，所以尽管烟气样品中含有大量的氮或氧，它们不会掩盖样品中其他气体的吸收。

非分散红外分析仪主要检测二氧化硫、氮氧化物、一氧化碳、二氧化碳、氯化氢等。常用的检测方法有：简单非分散红外（Simple Non Dispersive Infrared NDIR）；

Luft 检测器；红外 PAS（photo-acoustic spectroscopy，光声法）测量法；气体过滤相关 GFC NDIR（Gas Filter Correlation）；傅立叶变换 FTIR（Fourier Transform Infrared Spectroscopy）；差分光学吸收光谱法（DOAS）。

1.6.1.1　简单非分散红外（Simple Non Dispersive Infrared NDIR）

简单 NDIR 分析仪用滤光片或其他的方法测量目标分子在吸收峰中心波长比较狭窄范围内的光吸收量。利用二氧化硫在红外区域（7300nm）附近的光吸收进行浓度测量，当一束恒定的 7300nm 的红外光通过含有二氧化硫气体的介质时，被二氧化硫吸收，光通量被衰减，测出衰减光通量，即可求出二氧化硫的浓度。测量时应注意影响测量精度的干扰因素，应除去介质中二氧化碳气体和水蒸气。这种仪器的特点是直接测量二氧化硫的浓度，对样品气体加热保温、多级除尘、多级除湿，方法不会受排气取样流量的影响。

氮氧化物和二氧化硫一样，只是 NO 吸收光谱较弱。

简单 NDIR 分析仪示意如图 1-10 所示。

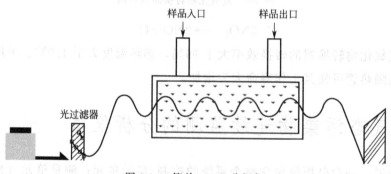

图 1-10　简单 NDIR 分析仪

为了克服光源的强度和其他因素的干扰，在简单 NDIR 分析仪中，由光源发出光穿过两个气室：参比气室和样品气室。参比气室充满在仪器使用波长不吸收光的氮气或氩气，当红外光穿过样品气室时，样品中污染物分子将吸收一定量的光。其结果是，光到达样品气室终端时，与参比气室的光能比较，光能减少。用检测器，例如固体检测器测量光能的差。由于两个气室透光率得到的检测器信号的比与污染气体的浓度相关，由此可以计算出污染气体的浓度。

简单 NDIR 分析仪适用于测量一种气体，相对而言这种仪器价格比较低，可靠和耐用。基于这种原理的仪器在使用中所受到的限制是：其他气体吸收目标气体相同光谱范围的光，在测量中引起正干扰。水蒸气和 CO_2 在红外区域有强烈地吸收，因此在样品气体进入分析仪前，必须从样品中除去。解决该问题的办法之一是用串联排列的吸收室，例如 Luft 检测器。

1.6.1.2　Luft 检测器或串联型气动式检测器

Luft 检测器或气动检测器由一个参比气室，一个样品气室并在样品气室后串联一个充有测量气体（例如，SO_2）的吸收室。吸收室分为前室和后室，前室短后室长，用应变器即微流量传感器将两个气室连接起来。传感器能够检测两个气室之间气体压力的差或两个气室之间气体的流量。检测器工作时适当过滤的红外光穿过两个气室，因为在光谱带中心的波长吸收率较大，所以在前室，光谱带中心波长吸收的能量大于光谱带两侧的波长吸收的能量。尽管两侧波长的吸收比较弱，由于后室较前室长，能够充分地吸收。当样品气室中没有气体污染物时，检测器前室和后室的辐射近似相等（图 1-11）。

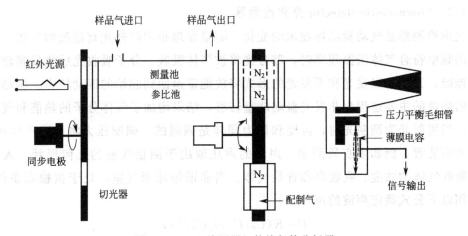

图 1-11　Luft 检测器红外线气体分析器

气动检测器中的传感器主要是微流量传感器。微流量传感器由加热的镍薄膜格栅组成，当气体流动时格栅被冷却，从而改变格栅的电阻，电阻变化与气室压力的变化相关，因此与样品气室中待测气体污染物的浓度相关，微流量传感器技术与用于烟气流量测量的热传感器类似。

麦克风型检测器是较老的技术，检测器金属膜和固定金属之间的电容变化与气室的压力差值有关。这种薄膜型检测器对振动敏感，由于工厂设备或安装位置的振动能够传递给仪器，将导致噪声和有时产生莫名其妙的干扰信号。

多年来，Luft 检测器或气动检测器在不同程度上得到改进，增加了检测器的灵敏度，减少了干扰。尽管用微量传感器有助于克服振动的影响，但与采用固体检测器的分析仪相比，采用 Luft 检测器分析仪更容易受到与振动有关的问题的影响。

另外，由于技术的发展，不分光红外可以做成多组分气体分析器。同一个检测器可以将被测气体和背景气体（横向灵敏度的）同时检测出来，然后采用数据处理方式进行自动补偿。

Luft 多组分红外线气体分析器，在一个分析模块当中，检测器充有多种气体，它对 SO_2、NO、CO、H_2O 均有灵敏度。光路中有个滤光片轮，在步进马达的控制下，能顺序地进入光路。在某一滤光片放在光路时（例如，SO_2 滤光片），整个光学部件就如同一个 SO_2 分析模块。在工作过程中，滤光片轮将 SO_2、NO、CO、H_2O

四种滤光片交替送入光路，因而检测器相应输出 SO_2、NO、CO、H_2O 四组信号。仪器数据处理程序，将这些信号转换成浓度信号或 $4\sim20mA$ 电流输出，同时对它们之间的相互干扰进行修正。

用多组分不分光红外模块可以在光路中插入一个校准气室。校准气室中可以填充一定浓度的被测气体，产生相当于终点标准气的气体吸收信号。因而，可以不需要标准气就实现仪器的定时标定。在校准气室进入光路时，仪器的工作室必须通高纯氮气。为了验证校准气室是否漏气，每半年或一年仍然要用标准气进行一次对照测试。

1.6.1.3 Photoacostic Detector 光声检测器

光声检测器是气动检测器技术的变化。测量原理是用红外光直接照射气体，当照射光的频率符合气体谐振频率时，部分光将被气体吸收。分子吸收光后激发到较高的振动能级，紧接着以发光和不发光的形式释放能量返回到起始的振动状态。振动激发释放的能量的主要过程为非发光振动能量转移，结果增加了气体分子的热能和气体的压力。当照射光为调制光时，温度和压力同样是调制的。调制压力将导致产生声波，可用测声装置，例如麦克风测量。声波的声压取决于测量气室的几何形状、入射光强、吸收气体的浓度、吸收率和背景气体。当非谐振球形气室，处于恒稳态条件下，能够用以下公式确定声波的声压。

$$P=K(C_P/C_V)I_0C(I/f)$$

式中　　P——声压；

$\quad\quad I_0$——入射光强；

$\quad\quad C$——吸收气体的浓度；

$\quad\quad f$——调制频率，

C_P 和 C_V——热容量；

$\quad\quad K$——气室和气体确定的常数。

实际应用时，在光源和测量气室之间放置一个斩光器，接通或断开光束，压力将交替地增加和减少，产生压力脉冲或声波信号。当斩光器的脉冲频率在 $20Hz\sim20kHz$ 之间时，能够由灵敏的麦克风检测密封在测量气室中的分子吸收斩光产生的声波。

把不同的光学滤光片放置在斩光器和测量气室之间的旋转式圆盘中，能够同时测量 ppb 级的多种有机和无机化合物。在光声技术中，直接测量光吸收，如果在测量气室中没有吸收气体将不会产生压力脉冲，当存在吸收气体时将产生一定振幅的声波，存在吸收气体越多，产生声波的振幅越大。光声技术不能提供连续的监测，分析前必须将样品密封在测量气室后才能开始测量。完成 5 种气体和水蒸气测量的典型周期为 40 秒。在烟道测量中，这种技术通常与稀释采样系统相结合。

由于一些气体吸收相同波长的红外光，造成对测量目标气体的干扰，即交叉干扰，可采用多个滤光片校准干扰气体，并由这些滤光片确定干扰的程度，在校准仪期间，校准所有的交叉干扰，即进行补偿并储存在仪器中。在今后正常的测量条件下，当出现这些气体时，检测器将自动进行补偿。

光声检测器与传统的光谱测定法的比较有以下特点：

① 灵敏度很高，用镍铬红外光源，发射 650~4000cm^{-1}（2500~15400nm）波长范围内的光，检测限低制 ppb 和 ppm 范围；

② 检测器为麦克风，仪器非常稳定，麦克风是最稳定传感器，100 年的漂移 <10%；

③ 动态范围达检出限的 100000 倍，用同一台仪器能够测量很高和很低的气体而不需要重新校准；

④ 测量气室的体积很小，只有几毫升，与传统的光谱测定法测量气室路径长 20m 的体积几升的红外测量室的作用相当，测量气室小意味着仅仅需要少量的校准气体和样品气体；

⑤ 测量气室体积小，气室中的气体能够迅速地排空，响应时间快。光声技术不像传统的 IR 技术需要用许多的光学镜，系统非常的稳定；

⑥ 光声系统测量气体的吸收。类似传统多通道仪器的工作，光声测量系统有独特的零点稳定性。

1.6.1.4　气体过滤相关 GFC NDIR（Gas Filter Correlation）

气体过滤相关（GFC）技术原理如图 1-12 所示。

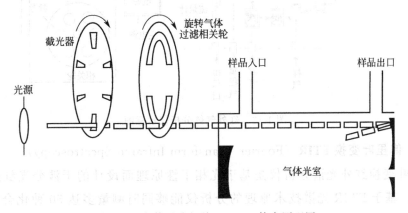

图 1-12　气体过滤相关（GFC）技术原理图

红外光源的辐射通过一个滤光轮，在滤光轮上一个充满惰性气体（如，N_2）的气室，在另一个气室充满目标气体。红外光通过一个调制器产生交替的信号。仪器运行时，滤光轮连续地旋转，当光通过气体滤光器时，光强降低。气体滤光器含有足够的目标气体，吸收目标气体在吸收波长的大多数的光，但不消除不吸收的波长，并传递到检测器。最终的结果是到达检测器的光能减少。当光通过惰性气体气室时，光强不减少。如果把含有目标污染物的气体样品导入样品气室，分子将在目标气体的吸收波长吸收光能。因为，气体滤光器在相同的波长选择性地吸收光能，并且当样品气室的气体为零气时，检测器将检测到相同的信号。光束通过 N_2 一侧，因为光被样品气室中的目标气体吸收，将带走少量的能量。检测到的两束光之间的差，与样品中的目标气体浓度相关。目标气体相同的光谱区域内，其它气体的光谱不影响测量，如同它们互不相关。这种分析仪坚固耐用、费用比较低且对振动影响的敏感度低。

采用相关气体滤光片技术可在同一检测室内测定不同的被测气体。将不同被测气体滤光片（测量）和氮气气室（参考）交替放置在相关轮上，气体滤光片进入光路时，被测气体吸收特定波长的光，红外接收器得到测定信号 I，延迟几毫秒，装有氮气的气室放置在光路上，红外接收器得到测定信号 I_0，根据 Beer lambert 定律即可得出被测气体浓度。如图 1-13 所示。

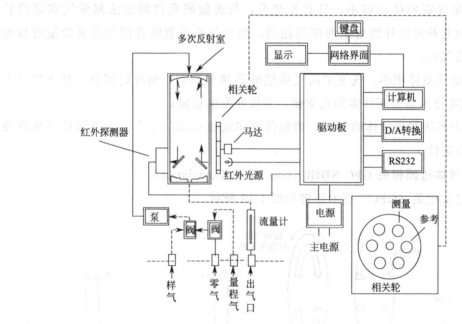

图 1-13　红外气体分析仪示意图

1.6.1.5　傅里叶变换 FTIR（Fourier Transform Infrared Spectroscopy）

傅里叶变换红外光谱分析仪是基于光相干性原理而设计的干涉分光红外分析仪（图1-14）。基于 FTIR 光谱技术原理的分析仪能够同时测量多达 50 种化合物，极快的响应时间并且交叉干扰比 NDIR 分析少。FTIR 的最大特点是不需要对照参考物质频繁地校准分析仪。一旦仪器经过校准，校准数据即存入光谱库保存在软件中。实际上，FTIR 光谱技术在宽的光谱范围内提供样品气体总的吸收光谱"图"。仪器典型的光谱测量范围从 2500nm 到 25000nm。

FTIR 光谱仪主要部件有光源、麦克尔孙（Mickelson）干涉仪（图 1-15）、样品池、检测器（常用 TGS、MCT 检测器）、计算机。

其核心部分是干涉仪和计算机。干涉仪将光源来的信号以干涉图的形式送往计算机进行快速的傅里叶变换的数学处理，最后将干涉图还原为通常解析的光谱图。

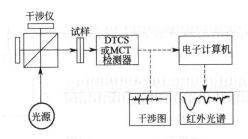

图 1-14　傅里叶变换红外光谱仪工作原理示意图

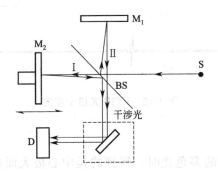

M₁—定镜；M₂—动镜；S—光源

D—检测器；BS—光束分裂器

图 1-15　Michelson 干涉仪光学示意及工作原理图

M₁、M₂ 为两块互相垂直的平面反射镜，M₁ 固定不动，称为定镜，M₂ 可以沿图示的方向作往返微小移动，称为动镜。在 M₁、M₂ 之间放置一呈 45°角的半透膜光束分裂器 BS，它能把光源 S 投来的光分为强度相等的两光束Ⅰ和Ⅱ。光束Ⅰ和光束Ⅱ分别投射到动镜和定镜，然后又反射回来在检测器 D 汇合。因此检测器上检测到的是两光束的相干光信号（图中每光束都应是一束光线，为了说明才绘成分开的往返光线）。

当一频率为 ν_1 的单色光进入干涉仪时，若 M₂ 处于零位，M₁ 和 M₂ 到 BS 的距离相等，两束光到达检测器时位相相同，发生相长干涉，强度最大。当动镜 M₂ 移动入射光 $\frac{\lambda}{4}$ 的偶数倍，即两束光到达检测器光程差为 $\frac{\lambda}{2}$ 的偶数倍（即波长的整数倍）时，两束光也是同相，强度最大；当动镜 M₂ 移动 $\frac{\lambda}{4}$ 的奇数倍，即光程差为 $\frac{\lambda}{2}$ 的奇数倍时，两光束异相，发生相消干涉，强度最小。光程差介于两者之间时，相干光强度也对应介于两者之间。当动镜连续往还移动时，检测器的信号将呈现余弦变化。动镜每移动 $\frac{\lambda}{4}$ 距离时，信号则从最强到最弱周期性的变化一次。如图 1-16（a）所示。图 1-16（b）为另一频率 ν_2 的单色光经干涉仪后的干涉图。

如果是两种频率 ν_1、ν_2 的光一起进入干涉仪，则得到两种单色光干涉图的加合

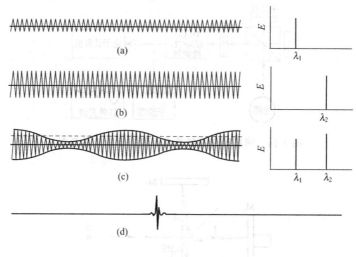

图 1-16　FTIR 光谱干涉图

图，如图 1-16(c) 所示。

当入射光是连续频率的多色光时，得到的是中心极大而向两侧迅速衰减的对称干涉图，如图 1-16(d) 所示。这种干涉图是所有各种单色光干涉图的总加合图。

当多色光通过试样时，由于试样选择吸收了某些波长的光，则干涉图发生了变化，变得极为复杂，如图 1-17(a) 所示。这种复杂的干涉图是难以解释的，需要经过计算机进行快速的傅里叶变换，就可得到一般所熟悉透射比随波数变化的普通红外光谱图，如图 1-17(b) 所示。

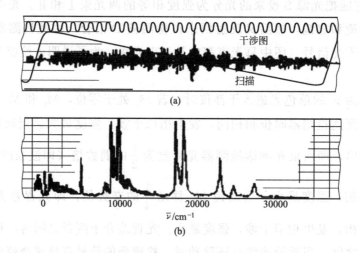

图 1-17　FTIR 透过试样的干涉图

FTIR 光谱仪的特点如下。

① 扫描速度快，测量时间短，可在 1s 至数秒内获得光谱图，比色散型仪器快数百倍。因此适于对快速反应的跟踪，也便于与色谱法的联用；

② 灵敏度高，检测限低，可达 $10^{-9} \sim 10^{-12}$ g，因为可以进行多次扫描（n 次），进行信号的叠加，提高了信噪比 $\sqrt{n}$ 倍；

③ 分辨本领高，波数精度一般可达 0.5cm^{-1}，性能好的仪器可达 0.01cm^{-1}；

④ 测量光谱范围宽，波数范围可达 $10 \sim 10^4 \text{cm}^{-1}$，涵盖了整个红外光区；

⑤ 测量的精密度、重现性好，可达 0.1%，而杂散光小于 0.01%。

⑥ 适用范围广，可以同时测量多种气体成分。

1.6.1.6 差分光学吸收光谱（DOAS）

利用非-分散吸收光谱法测量在不同的波长的光的吸收，分子在有些波长吸收能量，在有些波长不吸收能量。在这样的系统中，用参比波长代替前述中的参比气室。方法原理仍然服从朗伯-比耳定律。这种技术，已经作为差分吸收光谱或差分光学吸收光谱（DOAS），应用于抽取系统分析仪和 in-suit 系统。在一个典型的系统中，由光源发出不同波长的光并传输光通过含有样品气体的气室，或跨烟道。由检测器测量没有能量吸收的光的波长的信号作为在有能量吸收波长获得的信号的参比。差分吸收光谱技术已经应用了许多年。

早期设计的差分吸收光谱技术分析仪器用滤光器选择波长，现在发展了用可调谐二极管激光器（TDL）、光电二极管阵列和移动狭窄选择波长或检测。许多近来设计的分析仪用红外 TDL，通过改变二极管激光器的驱动电流或温度，调制激光器不同的波长。通常测定一种气体需要一个激光器，但是也能够同时测定某些气体，即用单个激光器同时测定两种（或以上）气体。

红外 TDL 分析仪器具有的特点：

① 可从仪器的数据库中选择一条单一的吸收线；

② 确保没有其他气体的交叉干扰；

③ 通过温度调整二极管激光器以准确标出单一吸收线的中心波长；

④ 通过电流扫描激光器的波长；

⑤ 检测吸收线；

⑥ 由吸收线的大小和形状计算气体的浓度；

⑦ 能够在含尘量高的环境下进行测量。

传统的红外气体检测器常常受到因其他分子之间的碰撞导致吸收线宽度变化的干扰。红外 TDL 利用先进的数字过滤技术，从测量的第二谐波信号中提取的线宽信息，自动补偿由其他气体引起的吸收线宽度的变化对测定的影响。可调谐二极管激光检测器仅仅测量特定气体的游离分子的浓度，对与其他分子组成复杂化合物的分子和附着或溶解在颗粒物水滴上的分子不敏感。因此，当与其他测量技术比较测量结果时应注意这点。

1.6.2 非分散紫外（Non Dispersive Ultraviolet）

当分子吸收紫外（UV）区光谱（短波，高能）的特征光导致组成分子的电子跃进。吸收的紫外线光子激发原子的电子，在分子中处于高能级态。受激发的电子快速的损失能量通过以下四种方法之一返回到基态：

① 分离，吸收高能光子能够引起电子完全脱离分子，造成分离；

② 再发射，当电子能量衰减返回到基态后再发射同样的光子；

③ 荧光，当电子能量衰减返回到基态时，在低于最初的吸收频率发射光子，造成气体发光；

④ 磷光，与荧光的过程类似，但是在一个长的时间周期发生磷光。

非分散紫外分析仪在 UV 区运行，应用差分吸收技术。仪器测量 SO_2 对紫外光的吸收，SO_2 吸收带中心波长为 285nm。然后与在 578nm 波长处的吸收进行比较，578nm 的波长处没有 SO_2 吸收。采用差分技术，用参比波长代替了参比气室，从而计算出污染物含量。

已经证明差分吸收 NDUV 仪器在排放源监测应用中非常可靠。相比较而言该种技术干扰少。

1.6.3　紫外荧光（Ultraviolet Fluorescense）

紫外荧光方法测量二氧化硫的原理是当 190～230nm 附近的紫外光照射到二氧化硫气体后，二氧化硫分子吸收紫外光的能量受激发从高能级返回基态时发出荧光，荧光强度的大小反映出二氧化硫的浓度。当 220nm 的紫外光强恒定时，通过测量荧光强度的大小即可求出被测气体介质中二氧化硫的含量。紫外荧光法对 SO_2 的检测灵敏度很高，可以检测到 ppb 级的低浓度 SO_2，同时动态范围和线性度也比较好，因此被广泛地应用在环境空气质量监测系统中。使用紫外荧光法测量高浓度 SO_2 气体时，需要配接稀释采样器。

紫外荧光法测量原理见图 1-18。

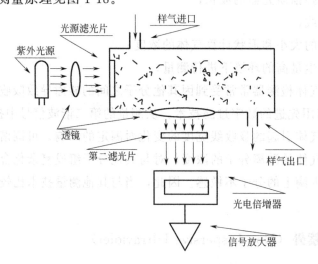

图 1-18　紫外荧光法测量原理

经过过滤稀释的烟气样气进入仪器的反应室时，在 $190\sim230\text{nm}$ 的紫外光照射下，生成激发态的 SO_2^*，激发态的 SO_2^* 分子可以经过下述四种过程返回基态：

$$SO_2^* + M \xrightarrow{k_{q1}} SO_2 + M$$

$$SO_2^* \xrightarrow{k_f} SO_2 + h\nu_2$$

$$SO_2 \xrightarrow{k_d} SO_2 + O$$

$$SO_2 \xrightarrow{k_{q2}} SO_2$$

在这个光谱大气中的 N_2、O_2 基本上不引起"荧光淬灭效应"。激发态的 SO_2^* 主要通过荧光过程回到基态，其发射的荧光强度与 SO_2^* 的浓度成正比。利用光电倍增管接收荧光，即可得到待测样气中的 SO_2 浓度。

1.6.4　化学发光法 NO_x 监测仪器

化学发光是由于化学反应产生的光能发射。氮氧化物等化合物吸收化学能后，被激发到激发态，在由激发态返回至基态时，以光量子的形式释放能量。测量化学发光强度对物质进行分析测定的方法称为化学发光法。由若干方法可以对 NO_x 进行化学发光测定，最广泛使用的是臭氧的发光反应。

其反应式为：

$$NO + O_3 \longrightarrow NO_2^* + O_2$$

$$NO_2^* \longrightarrow NO_2 + h\nu$$

该反应的发射光谱在 $600\sim3200\text{nm}$ 范围内，最强发光波长为 1200nm。

化学发光法测量 NO_x 的灵敏度高、选择性好，对于多种物质共存的气体，通过

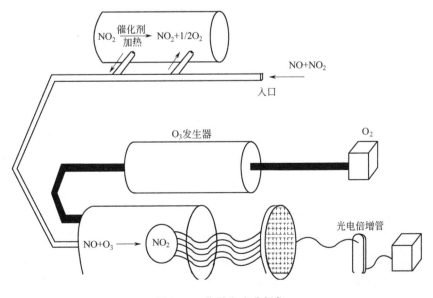

图 1-19　化学发光分析仪

化学发光反应和发光波长选择，可以不经分离地有效测定至 ppb 级。现行范围宽达 5～6 个数量级。因此在环境监测、生化分析等领域应用广泛。

在化学发光分析仪（图 1-19）中，用 UV 光照射石英管中的氧气产生 O_3。提供的 O_3 超过反应需要的 O_3 以确保 NO 完全转换成 NO_2 和稀释测量气体，使存在于样品气体中的其他吸收发射的化学发光辐射的分子，例如：O_2、N_2、CO_2 的熄灭作用减至最小。因为光电倍增管信号正比于 NO 分子数，而不是 NO 浓度，所以必须小心地控制样品的流量。

2 稀释式 CEMS

稀释抽取式系统在采样探头顶部，通过一个音速小孔进行采样，并用干燥的仪表空气在探头内部进行稀释，然后将稀释后的样气送入分析仪进行分析（分析流程见图2-1）。由于样品气进入分析仪之前未经除湿，因此稀释抽取式 CEMS 的测量结果为湿基浓度。

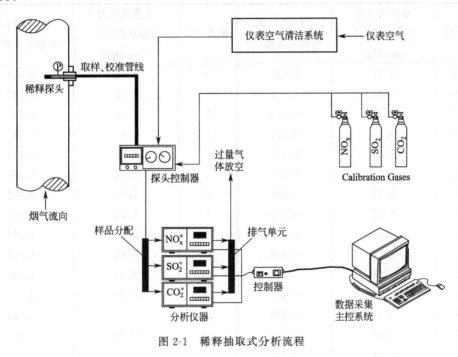

图 2-1　稀释抽取式分析流程

2.1　稀释采样系统

2.1.1　稀释比

2.1.1.1　稀释比计算公式

稀释比 $= (Q_1 + Q_2)/Q_2$

Q_1 是稀释气流量（升/分），其值可以由操作者调节，稀释比可以在一定范围内改变。将经稀释的样品（$Q_1 + Q_2$）经采样管线送至烟气检测仪。

2.1.1.2　计算确定稀释比

采样系统的稀释比必须满足两个标准。

（1）第一个标准　使用的监测仪的测量范围应与实际抽取的样品的预计的浓度（稀释后）一致。例如，预计烟气中 SO_2 最大浓度为 560mg/L。SO_2 监测仪的测量范围为 0～10mg/L。因此稀释比为 560/10＝56/1。稀释比应保证在最低环境温度下采样管线不会结露。

（2）第二个标准　应取得以下系统参数：最低环境温度；实际烟气的水蒸气百分数含量最大值。

按表 2-1 找出最低温度，并读出相应烟气的实际水蒸气百分含量。

表 2-1　烟气温度、实际水蒸气百分含量表

温度/℃	水蒸气压力 （冰点以上） /mm Hg[①]	1×10^5 Pa 时 水蒸气含量/%	温度/℃	水蒸气压力 （冰点以上） /mm Hg[①]	1×10^5 Pa 时 水蒸气含量/%
−35	0.17	0.022	0	4.58	0.602
−30	0.28	0.037	1	4.92	0.647
−25	0.47	0.062	2	5.29	0.696
−20	0.77	0.101	3	5.68	0.747
−15	1.24	0.163	4	6.10	0.802
−10	1.95	0.256	5	6.54	0.860
−9	2.13	0.280	6	7.01	0.922
−8	2.32	0.305	7	7.54	0.992
−7	2.53	0.333	8	8.04	1.057
−6	2.76	0.363	9	8.61	1.132
−5	3.01	0.396	10	9.20	1.210
−4	3.28	0.431	20	17.53	2.305
−3	3.47	0.456	25	23.76	3.124
−2	3.88	0.510	30	31.82	4.185
−1	4.22	0.555			

① 1mm Hg＝133.322Pa。

例：给出以下参数：

a. 最低环境温度为 5℃；

b. 实际烟气的水蒸气最大百分含量为 24%。

5℃，1×10^5 Pa 时水蒸气百分含量为 0.396（假设稀释管线的压力）。计算出最小稀释比为 24/0.396＝61∶1。应选择标准 1 和标准 2 得到的最大稀释比以满足分析仪。各种临界小孔的平均稀释比由表 2-2 给出。

表 2-2 临界小孔平均稀释比

临界小孔名义流量/(mL/min)	稀释平均值	临界小孔名义流量/(mL/min)	稀释平均值
20	215：1～350：1	200	27：1～37：1
50	95：1～150：1	250	20：1～30：1
100	44：1～75：1	500	12：1～16：1
150	32：1～50：1		

2.1.2 稀释原理

音速临界小孔采取耐热玻璃和陶瓷材质，小孔前端由石英过滤棉过滤，并经过陶瓷孔板到达小孔。小孔的长度远远小于孔径，当小孔两端的压力差大于 0.46 倍以上时，气体流经小孔的速度与小孔两端的压力变化基本无关，而只取决于气体分子流经小孔时的震动速度，即：产生恒流。

实验室的实验表明：当稀释探头的真空度大于 13inHg（约合 44kPa）时，在绝大多数烟道条件下都能满足音速小孔的恒流条件。

2.1.3 采样探头

2.1.3.1 烟道内稀释探头

烟道内稀释探头完全暴露在烟气中的部分，需选用耐热耐蚀的铝铬镍合金 Inconel600，镍基铝合金 Hastelloy C276 或不锈钢 304pyrex 玻璃等材料，以避免探头在烟气中被腐蚀。

稀释探头采样流量通常为 0.1L/min，而直接抽取式探头采样流量大约 3.5L/min，因此稀释法探头过滤器堵塞的压力较小。

为保证恒定的稀释比，采样探头使用音速小孔。当系统能够满足设定的最小真空度要求时，音速小孔两端的压差将大于 0.46 倍，此时通过音速小孔的气体流量将是恒定的，温度压力的变化将不会影响稀释比。根据试验研究，烟道内压力变化 87mm 水柱影响浓度变化 1%；温度变化 28℃影响浓度变化 1%。

理论上，临界小孔的下游绝对压力与上游绝对压力之比小于或等于 0.53 时会产生临界流速，通过小孔的体积流量与上下游压力无关，只由气体速度决定，接近声速。临界小孔由硼硅酸盐耐热玻璃制成，最高工作温度可达 750 ℉（约 399℃）。

小孔的前部装有一个由高纯度石英纤维制成的精细过滤器（图 2-2），过滤器被包裹以防过滤材料开缝。

探头的取样动力来自文丘里管，一定体积的压缩空气（一般是每分钟 3～7L）通过尖喷嘴吹进文丘里管，造成真空。

2.1.3.2 烟道外稀释探头

（1）烟道外稀释探头

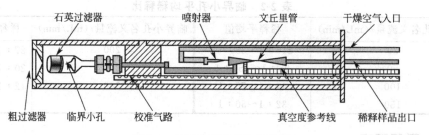

图 2-2　烟道内稀释探头示意图

烟道外稀释探头（图 2-3）工作原理与烟道内稀释探头相似，均采用临界小孔。不同之处在于，烟道外稀释探头将临界小孔、文丘里管都设计在烟道外，同时增加了旁路抽气泵（另外一个更大的文丘里管），旁路抽气泵将烟气以 1.5～5L/min 的流量吸入到样气室，然后由主文丘里管吸入临界小孔，完成稀释采样。

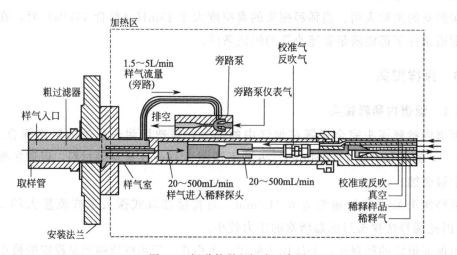

图 2-3　烟道外稀释探头示意图

2.1.4　采样管线

稀释系统的采样管线由四根聚四氟乙烯管组成，其中两根分别用于往采样探头输送校准气和稀释空气，一根用于往各种分析仪器输送稀释后的烟气样品，另一根用于探头部分的真空度监测。所有采样管线除真空管线外均为正压。由于样品经过干燥空气稀释，因此稀释法采样管线无需进行全程或任意一段距离的保温。

2.1.5　稀释空气净化系统

稀释空气和零点校准气采用除尘、除水、除油，以及必要时除 CO_2 和浓度过高的空气本底中的 SO_2 和 NO_x 的仪表空气，它应该是干燥的，露点为 $-30～-40℃$，压力（620±68)kPa。

2.2　分析系统

2.2.1　SO₂ 气体分析仪原理

稀释抽取式 SO₂ 分析仪基本采用紫外荧光法。

用波长 190～230nm 紫外光照射样品，则 SO₂ 吸收紫外光被激发至激发态，即：

$$SO_2 + h\upsilon_1 \longrightarrow SO_2^*$$

激发态 SO₂* 不稳定，瞬间返回基态，发射出波峰为 330nm 的荧光，即

$$SO_2^* \longrightarrow SO_2 + h\upsilon_2$$

发射荧光强度和 SO₂ 浓度成正比，用光电倍增管及电子测量系统测量荧光强度，即可得知 SO₂ 的浓度（图 2-4）。

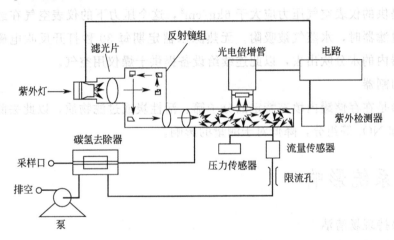

图 2-4　紫外荧光分析二氧化硫

2.2.2　NO-NO₂-NOₓ 气体分析仪原理

NOₓ 分析仪采用化学荧光法。样气经过滤，通过毛细管及模式阀门分别进入 NO₂ 转换室和反应室，在此室 NO 与 O₃ 反应产生特征荧光，荧光强度与 NO 浓度成正比，从光电倍增管得到荧光强度信号，从而得出 NOₓ 浓度。

（1）$NO + O_3 \rightarrow NO_2^* + O_2$

$NO_2^* \rightarrow NO_2 + h\upsilon$

该反应的发射光谱在 600～3200nm 范围内，最大发射波长为 1200nm。

（2）$NO_2 + O \rightarrow NO + O_2$

$O + NO + M \rightarrow NO_2^* + M$

$NO_2^* \rightarrow NO_2 + h\upsilon$

反应发射光谱在 400～1400nm 范围内，峰值波长为 600nm。

2.2.3 仪表空气清洁系统

仪表空气清洁系统由过滤器、无热除水器、SO_2/NO_x 切割器组成（图 2-5）。

（1）无热除水器

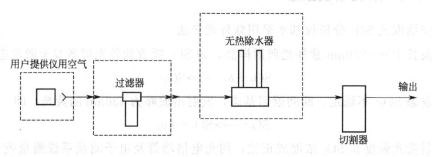

图 2-5 仪表空气清洁系统组成图

现场提供的仪表空气压力应大于 $6kg/cm^2$，这个压力下的仪表空气在经过无热出水器内的过滤器时，水蒸气被吸附。无热除水器定期每 30 秒打开反吹电磁阀，将吸附在干燥器内的水分吹出去，以此连续给设备提供干燥仪用空气。

（2）切割器

切割器是在存储罐内填充特定的分子筛、活性炭或过滤物质，以此去除仪表空气内的 SO_2 和 NO_x 等组分，降低对于测量的影响。

2.3 系统影响

（1）保持现场清洁

现场环境的清洁，可以保证仪器内部清洁。以此，可以延长仪器的使用寿命，防止灰尘静电对仪器的影响，并降低制冷器等部件的载荷。

（2）稳定供电

现场提供稳定的供电，供电中杂波应尽量减少。以此，保证现场的稳定性和各个器件的稳定性，使数据更加稳定。

（3）空调稳定

现场提供稳定的环境温度，最佳温度为 $15\sim25℃$。以此，保证仪器制冷器、加热器等部件的寿命，延长光电倍增管检测器等设备的寿命。

3 直接测量式及 DOAS 原理 CEMS

3.1 直接测量（in-situ）式 CEMS 基本情况

直接测量（in-situ）式 CEMS 一般有以下两类：一类传感器安装在探头端部，探头直接插入烟道，使用电化学或光电传感器，测量较小范围内污染物浓度（相当于点测量，如氧化锆法测量烟气含氧量）；另一类传感器和探头直接安装在烟道或管道上，传感器发射一束光穿过烟道，利用烟气的特征吸收光谱进行分析测量，可以归为线测量，可以采用红外/紫外/差分光学吸收光谱/激光等技术。

3.2 直接测量式 CEMS 介绍

3.2.1 直接测量式 CEMS 的结构类型

根据探头的构造不同，直接测量式 CEMS 可以分为内置式（图 3-1）和外置式（图 3-2）；根据光线是否两次穿过被测烟气可分为双光程和单光程；有采用探头和光谱仪紧凑相连的一体式结构，也有将探头和光谱仪分开的分体式结构，探头和光谱仪之间采用光纤进行光信号传输。

由于内置式和外置式结构探头有不同的特点（表 3-1），可以根据不同现场工况条件选择使用。

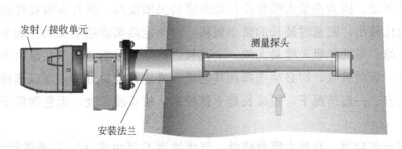

图 3-1　内置式结构示意图（双光程）

图 3-2　外置式结构示意图（双光程）

表 3-1　内置式和外置式探头比较

比较内容	优　　点	缺　　点	适用场合
内置式	①单端安装，安装调试简单 ②只需一个平台 ③震动对测量的影响小 ④可以通过改变测量路径的长度来实现对不同浓度污染物的测量	内置式探头在有水滴的场合易受污染	火力发电厂、水泥厂等
外置式	光学镜片全部在烟囱（道）外，不易受污染	①两端安装，需要两个平台，安装调试相对复杂 ②受震动的影响较大 ③在污染物浓度高，烟道（囱）直径大的场合不适用	金属冶炼厂、硫酸厂、垃圾焚烧等

3.2.2　直接测量式 CEMS 测量原理

　　目前直接测量式 CEMS(SO_2、NO_x) 从测量原理上可以分为三类：单波长法、双波长法和差分吸收光谱法（DOAS）。

3.2.2.1　单波长法

　　单波长法又称为绝对波长法或峰值吸收法，它通常适用于单组分的测量。所谓单组分是指试样中只含有一种被测成分，或者在混合物中待测组分的吸收峰波长并不位于其它共存物质的吸收波长处。在这两种情况下，通常应选择在待测物质的吸收峰波长进行定量测定。因为在最大吸收波长处测定的灵敏度高，并且在吸收峰处吸光强度随波长的变化较小，测量时波长的微小偏移，对测定结果影响不太大。如果一个物质有几个吸收峰，可选择吸光度最大的一个波长进行定量分析。如果在最大吸收峰处其它组分也有一定的吸收，则必须选择在其它吸收峰进行定量分析，而以选择波长较长的吸收峰为宜。一般情况下，短波长处干扰较多，较长波长处，无色物质干扰较小或不干扰。

　　据朗伯比尔定律，在最大吸收峰处，气体浓度 C 可由式（3-1）来进行计算。

$$C = A/(K \times L) = \left(\ln \frac{I_0}{I_t} \right)/(K \times L) \tag{3-1}$$

在给定波长处，某一物质的 K 值为常数，根据上式，便可由所测得的 I_t 计算出该物质的浓度。

从以上说明和公式，可以理解单波长法存在以下问题。

(1) 粉尘干扰　粉尘导致透过光强 I_t 变化，使测量结果不准确。

(2) 仪器老化　仪器老化导致原始光强 I_0 变化，使测量结果不准确。

(3) 交叉干扰　目前采用单波长原理的仪器基本都是采用滤光片来实现的，一般滤光片的带宽在 $20\sim30\text{nm}$，探测器测量的 I_t 是这个波段内光强的积分值。在 CEMS 领域，这个带宽内，一般都会有干扰。干扰导致透过光强 I_t 变化，使测量结果不准确

(4) 校准周期　仪器老化和光路污染均可导致原始光强 I_0 变化，因此需要通过频繁的校准来校正。

(5) 光路污染　光路污染导致原始光强 I_0 变化，使测量结果不准确。

3.2.2.2　双波长法

双波长法是利用选取的两波长处的吸收系数差值与吸收度差值的比值来分析计算被测物质的浓度。选取实测吸收曲线上的两个波长 λ_1 和 λ_2，计算出被测物质吸收度在两波长的差值 $A(\lambda_1)-A(\lambda_2)$；然后根据标准吸收曲线上同样的两个波长，计算这两个波长处标准吸收系数的差值 $K(\lambda_1)-K(\lambda_2)$。比较吸收系数在两波长的差值 $K(\lambda_1)-K(\lambda_2)$ 和实测吸收度在两波长的差值 $A(\lambda_1)-A(\lambda_2)$ 计算出被测物质的浓度：

$$C=(A(\lambda_1)-A(\lambda_2))/\{[K(\lambda_1)-K(\lambda_2)]\times L\}=[\ln\frac{I_0(\lambda_1)}{I_t(\lambda_1)}-\ln\frac{I_0(\lambda_2)}{I_t(\lambda_2)}]/\{[K(\lambda_1)-K(\lambda_2)]\times L\}$$

$$(3-2)$$

从原理而言，双波长存在以下问题。

(1) 粉尘干扰　粉尘导致透过光强 $I_t(\lambda_1)$ 和 $I_t(\lambda_2)$ 变化，由于是在两个波段，而粉尘散射对光强的衰减在不同波段是不同的，因此会导致 $A(\lambda_1)-A(\lambda_2)$ 随粉尘浓度变化而变化。

(2) 仪器老化　仪器老化导致原始光强 $I_0(\lambda_1)$ 和 $I_0(\lambda_2)$ 变化，同样由于在两个波段原始光强的变化不同，导致 $A(\lambda_1)-A(\lambda_2)$ 随仪器老化而变化。

(3) 交叉干扰　目前采用双波长原理的仪表基本都是采用滤光片来实现的，一般滤光片的带宽在 $20\sim30\text{nm}$，探测器测量的 $I_t(\lambda_1)$ 和 $I_t(\lambda_2)$ 是光强的积分值，如果其它气体在滤光片的滤波范围内，交叉干扰不可避免。

(4) 校准周期　仪器老化和光路污染均可导致原始光强 $I_0(\lambda_1)$ 和 $I_0(\lambda_2)$ 变化，因此需要通过频繁的校准来校正。

(5) 光路污染　原因同粉尘干扰，会使测量结果不准确。

3.2.2.3　差分吸收光谱法（DOAS）

DOAS 是光学差分吸收谱法（Differential Optical Absorption Spectroscopy）的简

称。自 1975 年德国海德堡大学环境物理研究所的 Platt 教授提出了差分吸收光谱（DOAS）的思想后，DOAS 广泛应用于测量大气中污染气体浓度，以后逐渐在环境监测领域得到了广泛的应用。差分吸收光谱法主要的优点是可以在不受被测对象化学行为干扰的情况下来测量它们的绝对浓度；可以通过分析几种气体在同一波段的重叠吸收光谱，来同时测定几种气体的浓度。

差分吸收光谱法的基础也是朗伯比尔定律。由光源发出强度为 $I_0(\lambda)$ 的入射光照射到被检测烟气区域，由于受到各组分气体吸收和烟尘散射，出射光强衰减为 $I(\lambda)$，可由下式决定

$$I(\lambda)=I_0(\lambda)\exp\left\{-\left[\sum_i n_i\sigma_i(\lambda)+k_R(\lambda)+k_M(\lambda)\right]d\right\} \tag{3-3}$$

式中，$n_i\sigma_i(\lambda)$ 分别是第 i 种气体的浓度和吸收截面，与 λ 波长有关；$k_R(\lambda)$ 是气体分子的瑞利散射系数；$k_M(\lambda)$ 是烟气颗粒的米氏散射系数；d 是光程长度。

SO_2、NO_x 气体的可见－紫外吸收光谱中包含了许多由于分子振转能级不同而引起的精细结构，差分吸收光谱法就是一种根据气体分子的精细吸收特征来得到烟气浓度的数学处理方法。在分析计算时，将式（3-3）分解成两部分：快变部分和慢变部分。其中差分吸收系数和差分吸收光谱定义如下

$$I(\lambda)=I'_0(\lambda)I_{diff(\lambda)} \tag{3-4}$$

$$\sigma_i(\lambda)=\sigma_{0,i}(\lambda)+\sigma_{diff,i}(\lambda) \tag{3-5}$$

式中，$\sigma_{diff,i}(\lambda)$ 和 $I_{diff(\lambda)}$ 分别是差分吸收系数和差分吸收光强；$\sigma_{0,i}(\lambda)$ 和 $I'_0(\lambda)$ 是慢变吸收系数和慢变入射光强。

在颗粒尺寸较小时，因为瑞利散射和米氏散射只影响吸收光谱的慢变部分，当仅考虑吸收光谱的快变部分时就可避免瑞利散射和米氏散射对浓度计算的影响。因此式（3-3）可写为

$$\ln[I_{diff(\lambda)}]=\ln\left[\frac{I'_0(\lambda)}{I(\lambda)}\right]=\sum_i n_i\sigma_{diff,i}(\lambda)d \tag{3-6}$$

图 3-3 为一些常见污染物的差分吸收光谱，据此选取一些特征波段对其进行测量便可得到浓度（表 3-2），经与标准吸收谱进行比较，便可得到所测气体的浓度。若要扩展监测种类，只需将污染气体的标准吸收谱输入数据库即可，无需对硬件进行更新。

表 3-2　气体测量的参考波长

主　要　气　体	参考波长/nm
SO_2	210
NO	225
NO_2	245

根据上述原理及结构，我们可得到紫外波段的谱图（分辨率取决于光谱仪），如

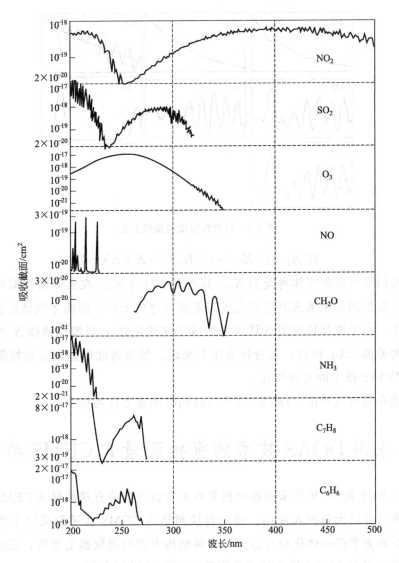

图 3-3 一些常见污染物的差分吸收光谱

图 3-4(a) 所示为一段实测谱线，其中横坐标为波长，纵坐标为光谱能量值，在图 3-4(a) 中包括了各种影响因素，如：气体分子的吸收、灰尘及白光的影响，烟气中的其它气体成分和光源强度随时间的慢变化对测量结果和测量精度影响等。首先将所测得的原始谱线图（a），与光源的原始谱线图（b）相减，得到仅包括各种真正的外界影响因素的图（c）。其含有两种"不同变化"频率成分，即 R 曲线（快速变化）及 S 曲线（慢速变化）。根据分子光谱的基本特性，S 曲线必是由其他因素产生（如灰尘或其它颗粒物），据此，我们可以利用数学方法将 S 曲线清除，得到仅包括各种气体分子吸收的谱线图（d）。最后对图（d）谱线，用已知的单个分子谱图例如，图（e）、图（f），对其进行叠加拟合得到图（g）。

$$K_1 X_1 + K_2 X_2 = X + \Delta X = Z$$

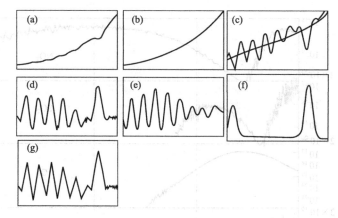

图 3-4　污染物浓度的提取方法

$$K_1X_1+K_2X_2+\cdots+K_nX_n=X+\Delta X=Z$$

最终我们得到被测气体种类为 X_n，其浓度参数为 K_n。在实际的模拟中，计算机模拟软件将根据测量结果来判定和完成需要多少种单个分子谱线才能最好的与实测谱线拟合工作。由于取样精度及计算误差造成了实测谱线 Z 与模拟谱线 X 之间，总会存在一定的差值 ΔX，所以，从分析方法上来说，如何将此误差限定在检测精度的要求之内是 DOAS 技术的关键所在。

从上述介绍可以看出，DOAS 技术可以同时测量多种污染物。

3.3　采用 DOAS 技术的直接测量式 CEMS 结构介绍

国内在 20 世纪 90 年代末研制出拥有自主知识产权的直接测量式 CEMS，最近几年不断完善，并已大量投入使用。国内直接测量式 CEMS 几乎都采用了内置式探头结构，探头和光谱仪一体化设计方式，这种结构方式使得仪器更紧凑，安装调试更方便。下面就以采用 DOAS 技术的直接测量式 CEMS 进行介绍。

3.3.1　仪器组成

监测仪器主要包括光学系统、机械结构、电子学测量和控制系统、吹扫保护系统等部分。

3.3.1.1　光学系统

光学系统是完成烟气光谱采样的关键。光学系统主要由发射和接收两大部分组成，包括光源、透镜、角反射器、狭缝和多道光谱仪等。光源发出的光经过透镜直接进入烟道中，通过烟气吸收后经角反射器返回，由狭缝进入光谱仪，由光栅分光，在光栅色散焦平面由二极管阵列探测器（PDA）接收。

（1）辐射光源

一个良好的光源要求具备发光强度高、光亮稳定、光谱范围广和使用寿命长等特点。常用的紫外光源有以下几种。

① 汞灯

紫外线汞灯是最早发展起来的紫外光源，也是应用最广泛的紫外光源。根据汞在灯内的蒸气压强不同，分为低气压、中等气压、高气压和超高气压。紫外线低压汞灯利用低压汞蒸气放电产生紫外光。低压汞灯的主要辐射能量集中在 254nm 波长，也就是汞的最灵敏的共振辐射线（4.88eV，共振辐射指从激发态向基态跃迁所产生的辐射），其他特征线（如 185nm、297nm、303nm、313nm 和 365nm 等波长）的辐射能量很小。高压汞灯辐射的紫外线主要是中、长紫外波段的，主要输出是 313nm、365nm、254nm 及 297～303nm 的几条紫外谱线。

汞灯的光谱主要是原子的线状光谱，光谱的连续性很差，如图 3-5 所示，一般用作波长校准、非分光紫外光度分析等。

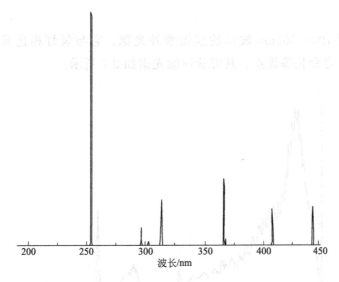

图 3-5　紫外线汞灯光谱图

② 紫外线金属卤化物灯（如卤钨灯等）

在高压汞灯的基础上，又发展了金属卤化物灯，它能给出汞灯所不能给出的一些紫外波段，几乎在 200～400nm 的整个范围，紫外线金属卤化物灯都有输出。

紫外线金属卤化物灯的辐射大多数是金属原子光谱的特征谱线。

③ 氙灯

与以上两种紫外光源所不同的是，氙灯在 200～400nm 的紫外区域有连续的紫外辐射。这是因为氙在高气压下的放电不是靠电子的碰撞激发，而是靠高温电弧的热激发和正负离子的复合发光。而且当灯电流和氙气压在很大范围内变化时，其氙灯光谱分布几乎是不变的。

氙灯不仅可以连续工作，而且可以脉冲工作，其带状连续光谱如图 3-6 所示。

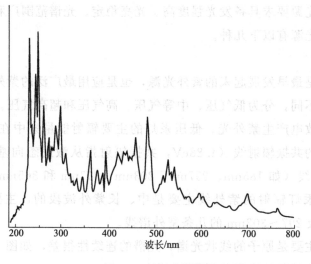

图 3-6　氪灯光谱图

④ 氘灯

氘灯是辐射 190～500nm 波长的连续紫外光源。它与氢灯相比具有紫外线强度高、稳定性好、寿命长等优点。其带状连续光谱如 3-7 所示。

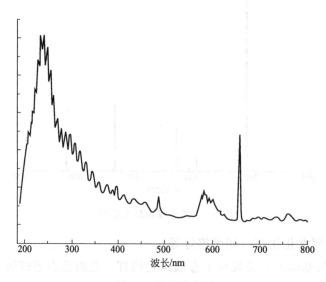

图 3-7　氘灯光谱图

综合以上的紫外光源，如氪灯、氘灯等具有连续光谱的紫外光源是紫外分光光谱仪的理想光源。尤其是脉冲氪灯，其脉冲式工作模式更是让其在寿命上遥遥领先。

（2）光谱仪

光谱仪主要作用就是分光，将包含多种波长的复合光以波长进行分解，然后从探测器上得出以波长为坐标排列的不同波长的光强分布。

光谱仪按分光原理及分光元件的类别可以分为干涉光谱仪、棱镜光谱仪和光栅光谱仪等。干涉光谱仪采用干涉原理进行分光，具有杂散光低、光能利用率高等优点，但是光路设计复杂。而采用色散分光的光谱仪系统结构相对简单，一般都包括入射狭缝、准直镜、色散元件、聚焦光学系统和探测器。

常用的分光元件有棱镜和光栅两类。

棱镜是利用不同波长的光有不同的折射率而使复合光分开的光学元件（图 3-8）。有立特鲁棱镜、考纽棱镜等。其中紫外光区一般使用石英棱镜。

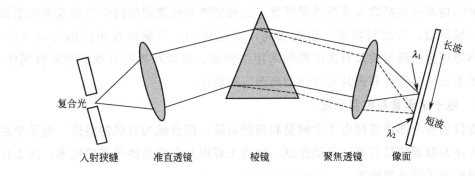

图 3-8 棱镜分光示意图

光栅是利用光的衍射和干涉作用使复合光色散（图 3-9）。其特点是色散波长范围宽、具有良好而均匀一致的分辨能力、色散近于线性。根据光是否穿透光栅可分为反射光栅、透射光栅；根据光栅的分光面不同，可分为平面光栅、凹面光栅等。

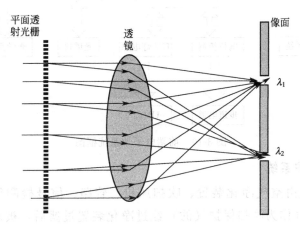

图 3-9 光栅分光示意图

（3）探测器

光电探测器是根据量子效应，诸如产生由于吸收的光子的电子，将所接收到的光信息转变成电信息的元件。其灵敏度本质上随光子能量辐射线的波长而变化。在紫外分光光谱分析中常用的探测器一般为线阵探测器，有 PDA、CCD、CMOS、NMOS 等。

如 CCD，即为光电二极管阵列，有多个在硅片上形成的反向偏置的 PN 结构成，当受到光照射时，产生空穴和电子，空穴扩散通过过渡层到 P 区，然后湮灭，由此引起电子空穴对的产生与复合，使得导电性增强，其大小与光强成正比。当阵列受光照时，吸收光子产生电子空穴对，阵列中的每个光电二极管各自有一个积贮光电流的存储电容器，通过扫描电路，周期地顺序读取各个存储电容中存储的电荷，以此检测出 CCD 上相应的光信息。

3.3.1.2 机械结构

机械结构部分包括插入式气体采样管、二极管阵列探测器的线性检测及本底测量装置的机械驱动。考虑到烟道中温度很高，而且有 SO_2 等腐蚀性很强的污染气体，所以气体通道包括测量槽及有关配件均采用不锈钢、透紫外光的石英玻璃材料制作，气体通道上的光学元件和密封元件均耐高温、耐腐蚀。

3.3.1.3 电子学测量和控制系统

分析仪的各个部件通过电子学测量和控制系统，组合成为有机的整体。电子学系统的实现涉及微弱信号检测、自动控制、软件工程以及电源变换等多项技术。图 3-10 所示为前端电子学系统框图。

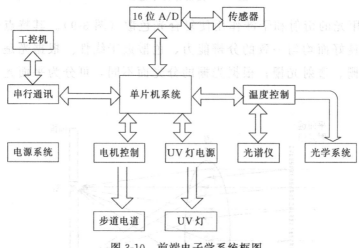

图 3-10 前端电子学系统框图

3.3.1.4 吹扫保护系统

吹扫保护系统由空气净化装置、吹扫风机、管路、信号检测等部分组成。空气（也有采用压缩空气作为吹扫保护气的）经过净化装置过滤后，被风机加速，通过管路送入测量探头内，保护镜片不被烟气污染。信号检测装置实时监测风机的工作状态，在风机跳闸停运时，提供报警信号，提示维护人员进行必要的处理。

3.3.2 仪器的工作过程

利用气态污染物对特定波段的光具有吸收特性，选择波段在 $200 \sim 320nm$ 的紫外光作光源，在此波段内水分子和其它气体几乎没有吸收。入射光被污染物吸收后，经光栅分光，由高灵敏二级管阵列探测器测量吸收光谱，并由此经计算机利用反演算法得到污染物的种类和含量。

仪器工作过程如图 3-11 所示。紫外光源发出的宽带光谱经石英聚光透镜后通过光分束器，再由反射镜反射到准直透镜，通过前窗镜照射到探头后端的角反射镜上，探头窗镜上装有透光波段 $200\sim250\text{nm}$ 的紫外滤光片。角反射镜反射光按原光路返回到光分束器上，然后经过准直透镜照射到光谱仪的入射狭缝上，通过光栅色散形成光谱。高灵敏度线阵 CCD 探测器将光信号转变为电信号，CCD 探测器输出的信号经前置放大器放大后送入高速信号采集 A/D 和 CPU 处理单元；控制处理单元的功能是将该信号数字化并存入存储器，然后由系统总控制单元采用适当的算法对其进行处理得到 SO_2、NO_x 浓度、烟气温度等信息。在数据分析和处理中采用硬件和软件平均滤波技术，构成了差分吸收光谱测量系统，从而使光源强度随着时间的慢变化不影响测量精度。

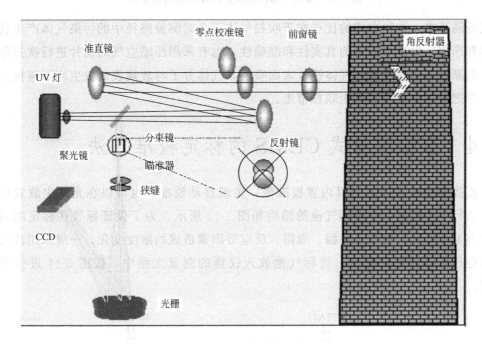

图 3-11　仪器工作过程

由于计算是通过吸收峰来进行的，是由谱线的峰值和谷值来反演出来的，而粉尘只是对整条谱线起着衰减的效果。当然若粉尘密度太大，以至于发出的光回不来了，或衰减至一个极低的水平，那么吸收谱线不能分辨，此时这种方法就不适用了。水汽没有影响也是同样道理。

3.3.3　探头结构

对于直接测量式 CEMS，探头结构很重要。它关系到仪器在现场高尘的环境中能否正常稳定的长期运行。图 3-12 为采用气幕吹扫保护的探头结构示意图，采用风机将过滤后的洁净空气加速吹入探头内，高速的气体在镜面前形成一道风帘，将镜面和

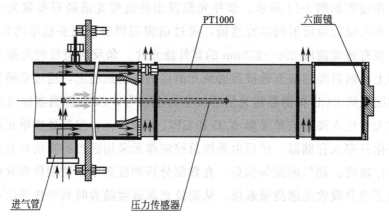

图 3-12 采用气幕吹扫保护的探头结构示意图

烟气分隔开来。这种方式的优点在于吹扫气体不会对测量路径中的污染气体产生扰动和稀释作用，保证了测量的真实性和准确性。也有采用压缩空气对镜片进行吹扫保护的，其原理是高速流动的气体镜片表面喷射，气体分子与玻璃表面发生剧烈碰撞、弹回，并把附着在表面的烟尘颗粒带走。

3.4 直接测量式 CEMS 的标定校准方法

直接测量式 CEMS 可以内置校准池，实现自动校准，也可以在光路中放置标气池，进行手工校准。一般标气池的结构如图 3-13 所示。为了保证标气在标定的过程中没有发生变化，如由于泄漏、吸附、反应等因素造成的浓度变化，一般采用流动气体来进行气体浓度的标定。将标气池放入仪器的测量光路中，按图 3-14 进行气路连接。

图 3-13 标气池

标准气体以恒定的流量通过吸收池，最终吸收池内气体的浓度可以达到标准气体的实际浓度，稳定后记录读数。

一般情况下，标气池长度和仪器的测量光路不一定相同，这就需要计算等效浓度。按下式计算

$$N_1 L_1 = N_2 L_2 \tag{3-7}$$

式中，N_1 为标准气体实际浓度；N_2 为等效气体浓度；L_1 为标准气池的长度；L_2 为测量路径的实际长度。

注意，所有检测应在通风良好的环境当中进行，以免有毒气体泄漏造成人身伤害

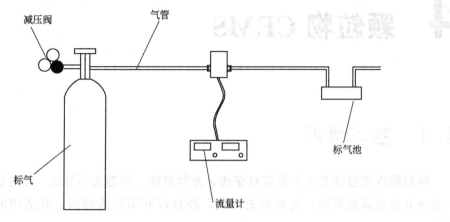

图 3-14　气路连接示意图

3.5　日常维护及常见故障处理

对于直接测量式 CEMS，由于没有取样装置，结构简单，日常维护主要工作是清洁探头角反射镜、更换吹扫风机过滤器以及校准。需要注意的主要问题如表 3-3 所示。

表 3-3　日常维护主要问题

故障现象	原因分析	处理办法	备　注
光强弱	光源老化	更换光源	系统应具备自动检测功能,信号弱时应进行提示
	镜片污染或探头堵塞	清洁镜片或探头	
镜片变得易污染	吹扫风机故障	更换风机并清洁镜片	过滤器必须定期更换,否则会堵塞,造成风机负载过大、磨损严重,甚至烧毁

4 颗粒物 CEMS

4.1　基本情况

颗粒物连续监测方法主要有对穿法、光散射法、动态光闪烁法、静电感应法。由于各种方法的原理不同、发展历史不同，各自都有不同的特点，其适用的条件也有不同。

对穿法出现较早，技术及制造工艺也比较成熟，但其种类也较多。第一代对穿法烟尘监测仪只是在排放源一端装有工程意义上较为稳定的光源，在另一端有一个光电转换及调理的电路，由于烟尘颗粒对光的吸收，在光接受端会产生一个与烟尘浓度相关的信号输出，从而评价排放源的排放状况。早期的第一代烟尘监测仪在光源一侧没有光源的功率控制或修正机制，从现代的角度来看仪器基本上是不可用的。后来在第一代烟尘仪基础上增加了光源的调制功能，消除了背景光的干扰；增加了光阑及光束的准直组件，改善了光的准直特性；增加了反吹风机，减小了镜面污染造成的误差；在光源侧增加了功率控制电路，使得光源输出更加稳定。目前运行的烟尘仪中仍有第一代对穿法烟尘仪产品，但已经较为少见。为了解决两套传感器及处理电路带来的不同步漂移问题，在第一代烟尘仪的基础上，通过光纤将接受端的光引入到光源一端处理，这样传感器及处理电路可以复用一套，大大降低了系统的漂移，可以视为第二代产品。第二代产品同样具有不能进行现场校准的致命弱点。为了解决以上存在的问题，第三代对穿法烟尘仪光源及接受安排在同一端，利用一个角反射镜将入射端光源的光束返回光源一端，光束两次通过测量区，相对于光束只通过一次测量区的方法一般也称"双光程"方法，这样仪器可以复用一套光电转换及处理电路，使得电路及传感器环节的漂移降到更低；采用机械或电子调制的方式将光源调制到几百赫兹甚至几千赫兹以上，一方面消除了背景光的影响，同时使得电路的抗干扰能力大大增强；在光源一侧的布置一个反射镜可以模拟"零烟尘"浓度的情况，在光源与反射镜之间附加一个固定设定透射率的滤光片模拟"最大"烟尘浓度或"跨度烟尘浓度"的情况，简单的实现了仪器在现场的校准问题。目前在现场使用的对穿法烟尘仪基本都属于双光程的对穿法烟尘监测仪。

相对于对穿法，光散射方法出现的较晚。光散射法具有更高的分辨率，灵敏度更高，可以用于监测更低排放浓度的排放源。

目前市场上安装的光散射法烟尘监测仪主要有以下几种形式：从光路布置上分为同轴布置和异轴布置，同轴布置光源的光束与接受传感器在同一轴线上。异轴布置光源光束与传感器处于不同的轴向位置上。一般由于安装上的要求，都采用后向散射。

类似对穿法，利用一束光穿过被测颗粒群，由于进入光束中的颗粒数量变化，光束光强会有瞬时的"涨落"，"涨落"的强度与烟尘浓度之间满足一定的相关性，通过测量光强涨落的强度可以反推烟尘颗粒的浓度。动态光闪烁法就是利用的这一原理。对穿法是忽略这种"涨落"效应或减少这种效应，而动态光闪烁法则强化这种效应。相对于对穿法动态光闪烁法对于镜头污染敏感度降低。

摩擦电荷法则是独立于光学测量法的另外一种方法。目前该方法较多应用于除尘设备运行状态的监视及报警。

4.2　烟尘颗粒物的特性

4.2.1　颗粒物的物理特性

烟尘颗粒物一般呈现为多孔的不规则形状，由于燃烧过程和除尘过程的影响，实际的烟尘排放或监测口烟尘颗粒的粒径分布是各有不同的，大多数排放口烟尘颗粒的粒径范围在 $0\sim20\mu m$。无论自然状态的颗粒还是烟尘颗粒一般是荷电的，荷电的大小取决于温度、比表面积、含水量及与摩擦碰撞相关的速度等，且与颗粒的物理化学成分及结构相关。

4.2.2　颗粒物的光学概念

以下是几个与光散射相关的概念。

颗粒物的光散射：光通过不均匀的介质颗粒时，介质颗粒中的偶极子所激发的次波和入射光相互叠加，介质颗粒把入射光向四面八方散射的现象称为颗粒物的光散射。

散射截面：一个颗粒在单位时间内散射的全部光能与入射光强之比。

散射系数：散射截面与颗粒的迎光面积之比。

吸收截面：一个颗粒在单位时间内吸收的全部光能与入射光强之比。

吸收系数：吸收截面与颗粒的迎光面积之比。

消光截面：一个颗粒在单位时间内移去的全部光能与入射光强之比。

消光系数：消光截面与颗粒的迎光面积之比。

（颗粒群的）浊度：单位体积内（颗粒群）的总消光截面。

不相关散射：当颗粒之间的距离足够大，一个颗粒的散射不因其他颗粒的存在而受影响。当颗粒之间的距离大于颗粒直径的 3 倍以上时，可以认为颗粒群的散射为不相关散射。烟尘排放一般为不相关散射。

单散射及复散射：颗粒散射的光全部来自于入射光称为单散射，其他情况为复散射。颗粒群发生不相关单散射时，颗粒群的整体行为可用单个颗粒的散射行为代替。烟尘排放连续监测的条件下，一般认为当不透光度大约大于 0.4 后复散射的影响就不能忽略了，这时仪器在单散射原理上建立的线性关系就存在不可忽略的高次非线性成分，需要进行非线性修正。

透光度：一束光通过介质层耗散后，光束的强度与入射光强度之比。

不透光度：一束光通过介质层耗散后，被耗散的光强与入射光强度之比。

光密度：透光度与不透光度与介质颗粒浓度呈指数关系，对透光度取倒数后再取以 10 为底的对数形成的新的评价量称为光密度。因光密度与介质颗粒的浓度呈线性关系。对于对穿法而言使用光密度评价和描述测量过程更加方便。

4.2.3　烟尘监测的特点

（1）测量动态范围大

烟尘排放的动态范围很大，一方面从燃烧的角度取决于燃料品种、燃烧方式，另一方面从处理治理的角度取决于除尘的形式和效率。一般而言，对于大型排放源，如燃煤热电厂，其直接排放烟气的烟尘质量浓度可以达到 $20g/m^3$，效率较高的除尘器（布袋除尘器、运行状态较好的三电场的静电除尘器）烟尘排放浓度可达到 $20 \sim 50mg/m^3$ 以下，因此烟尘监测仪浓度测量的动态范围可达到三个数量级，所以在仪器设计过程中一方面要考虑变量程问题，同时要考虑量程之间的衔接及线性问题。

（2）测量范围与现场条件相关

烟尘排放监测仪在出厂时难以给出精确的测量范围，测量范围与有些烟尘颗粒的物性相关（包括密度、颗粒粒径分布、光学特性、电学特性、流速等），即使 β 射线法也存在测量结果与现场条件的相关关系。此外，除现场条件外，烟尘监测仪本身的结构不同也会导致测量结果的差异。因此如果要准确测量烟尘浓度则必须进行参比试验，用标准方法校准仪器安装在现场的偏差。

（3）现场条件恶劣，对仪器安装工艺提出更高的要求

烟尘仪使用的现场条件非常恶劣的。仪器本身的元器件的选择应达到军品甚至宇航级的标准。即使有些元器件无军品供应，也必须选择 $-20 \sim -70℃$ 宽温范围的。否则就无法满足现场恶劣环境的长期稳定的工作。同时烟尘仪还必须考虑防潮防尘的功能。

（4）其他影响

除了仪器本身的功能及质量问题外，现场选点、仪器选型、调试、参比都会对仪器的长期可靠工作造成强力的影响，这正是烟尘监测仪在现场使用容易忽视又很难保

证的条件，也正是使用好烟尘仪必须要做好的工作。

4.3　对穿法烟尘监测仪

4.3.1　基本概念及原理

设单位体积内有 N 个随机分布的尺寸相同的烟尘颗粒（图 4-1），光束的截面积（从几何光学的角度）为 S，厚度为 $\mathrm{d}X$ 的介质层所包含的烟尘颗粒数为 $NS\mathrm{d}X$，光强

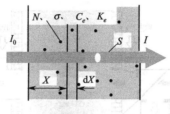

图 4-1　对穿法原理

为 I 的光束经过这一介质层后光强降低 $-S\mathrm{d}I$，设颗粒的消光截面为 C_e、迎光面积为 σ、消光系数 K_e，则

$$-S\mathrm{d}I=IC_eNS\mathrm{d}x \tag{4-1}$$

光强为 I_0 的入射光通过厚度为 L 的介质层衰减后光强可以由式（4-1）积分得到

$$I=I_0e^{-N\sigma K_e L} \tag{4-2}$$

工程上常用关系式

$$I=I_0e^{-\tau L} \tag{4-3}$$

式中，τ 为浊度。由浊度的代换式可见，颗粒的浊度为单位体积内的总消光面积。如果烟尘颗粒的粒径分布为 $f(\alpha)$，则一般意义上的浊度可表示为

$$\tau=N\int_0^\infty \frac{\lambda^2}{4\pi}\alpha^2 K_e(\alpha)f(\alpha)\mathrm{d}\alpha \tag{4-4}$$

由上式可见，对不相关单散射，当颗粒粒径分布及折射率不变情况下浊度只与单位体积内颗粒物的个数呈正比关系，也就是说浊度与颗粒物的浓度呈正比关系，设比例系数为 K，颗粒物质量浓度为 C_w，则式（4-3）可改写为

$$C_w=\ln(I_0/I)/(KL) \tag{4-5}$$

由以上各式可见，当结构参数 K、L 确定后，测得光强 I_0 及 I，即可以得到烟尘的质量浓度。实际上，精确的测量光强 I_0 及 I 代价是较高的，一般只是测量 I_0 及 I 的齐次线形变换值 I'_0 及 I'（如采用分光的方式测量）

$$I'_0=K'_0 I_0 \tag{4-6}$$
$$I'=K'I$$

将式（4-6）代入式（4-5），则

$$C_w = A\ln(I'_0/I') + B \tag{4-7}$$

式中，$A = 1/(KL)$；$B = \ln(K'_0/K')/(KL)$

式(4-7)的常数项可以通过仪器调零消掉，系数 A 可以通过参比得到。通过以上基本原理可以演化出各种对穿法的烟尘监测仪。

4.3.2　发展历史

4.3.2.1　第一代对穿法产品及第二代对穿法产品

第一代对穿法烟尘仪典型的光路结构如图 4-2 所示。

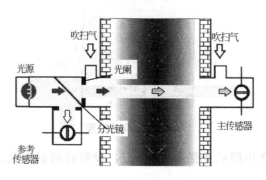

图 4-2　初期的对穿法

光源发出的光由一个分光镜分成两部分，一部分（参考光）进入参考传感器用于检测入射光的强度；另一部分通过光闸（及准直机构）穿过测量区进入主传感器。主传感器及参考传感器各有独立预处理电路，经预处理的信号增强了抗干扰能力送入光源侧或主传感器侧进行进一步处理。

第一代对穿法烟尘仪的一个主要特征是单光程的光路结构。

第二代对穿法烟尘监测仪主要是对第一代烟尘仪进行了很多小范围的改进或修补。通过机械调制或电调制技术解决背景光的干扰问题；通过改良光源及准直器件增加测量的稳定性及使得安装更简单；或通过光缆将参考光或主光束引入安装点的同一端进行集中处理，减小了电路造成的漂移；或者通过参考光控制光源输出稳定，将电路功能分离成光源输出控制及信号处理独立的两部分。第一代及第二代对穿法烟尘监测仪的共同特点是采用单光程的光路结构：这种结构无论采用何种改良及改进措施，无法在现场进行校准，除非当测点停机时；另一个特点就是现场安装调试非常困难，由于对穿法在现场需要一个准确的准直对中，特别是采用一般的热致光光源，由于准直性能较差，定购仪器时对光程本身就提出了要求，加上究竟多少入射光进入主传感器，传感器的安装角度等，使得在现场与实验室（或生产工厂）条件下仪器的标称参数有很大的不同，如分辨率、精度、测量范围等。如：如果现场条件下因为准直或角度问题只有 50% 的入射光进入主传感器，则分辨率或精度至少劣化一倍以上。这些特点要求在恶劣的现场条件下实现实验室条件下的调试。所以仪器的使用在很大程度上不取决于仪器本身而取决于精细的安装调试。所以，可以说这类仪器 50％以上的问题都是安装调试造成的。

4.3.2.2 第三代对穿法产品

第三代对穿法产品一个重要的特征是采用双光程光路结构（图 4-3 及图 4-4）。除此之外光源则必须进行了机械或电子的调制、采用手动或自动的模拟零点及跨度点现场校准手段，如果采用热致光源则必须有一套完善的准直及对中机构、双光程的反射光采用角反射镜的方式实现等。

图 4-4 给出的是一款结构功能比较完善的对穿法烟尘监测仪的光路结构图，其主要特点调制、校准、光源的参比采用特种 LCD 材料实现（通过改变电压改变 LCD 材料的通光特性），整个系统无运动部件，系统采用单传感器单电路处理，性能指标从结构上得到可靠的保证。

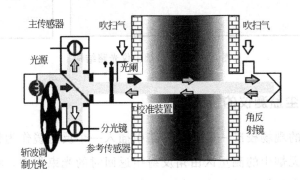

图 4-3 改进后的对穿法

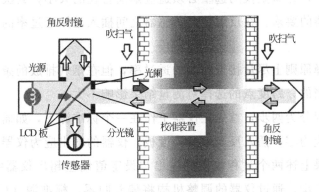

图 4-4 采用 LCD 调制方式的一个结构特例

图 4-5 是另一款对穿法烟尘仪的光路结构图。光源的光通过准直透镜组准直后分光为两部分，一部分直接进入传感器检测光源的输出，另一部分两次通过反光镜进入烟囱测量区，再经过角反射镜后经视场调整镜头组和接受透镜组进入传感器。改结构通过光源参比挡板交替测量信号及跟踪光源的输出变化。反光镜及滤光镜片实现零点及跨度点的校准。该光路结构要求在现场安装调试时要注意烟囱的大小和仪器要求必须匹配，否则信号光无法准确汇聚于传感器。

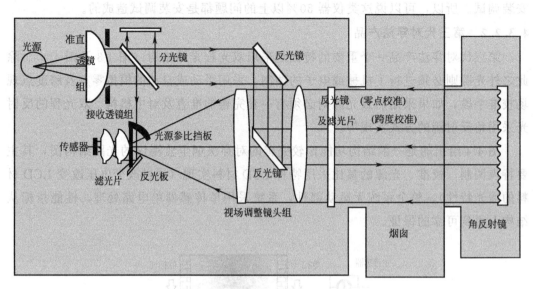

图 4-5　对穿法烟尘仪光路结构

4.3.3　对穿法烟尘监测仪的校准

双光程对穿法的现场校准一般是在光路中插入一个反射镜作为仪器的零点。反射镜模拟了光束通过无烟尘的测量区由角反射镜返回时的光束强度。考虑到仪器准直特性的影响，仪器光束的扩束及会聚必须达到仪器本身的要求时，校准才是有效的和准确的，也就是说，首先烟尘仪的选型必须适应烟囱直径的大小；其次仪器的对中及调焦也必须达到仪器的要求。在反射镜和传感器之间插入已知透过率的滤光片可进行跨度的校准。

跨度点的选择原则上尽量接近实测的透过率，但在烟气排放的条件下，只要测量范围的选择是适当的，跨度点的选择对测量结果影响不大。

实际校准过程分为两步，首先让仪器工作在一个标准源下，如插入反光板，仪器的烟尘浓度输出应为零；插入反光板及跨度板，仪器的输出应为仪器第一次校准检测时的输出值。如果上述两个过程仪器的输出与设定值偏差超出仪器给定的准确度水平，则要进行第二步，通过仪器的调整机构将偏差归零。标准源（反光板和滤光片）插入的位置一般有两种情况，一种情况在仪器挡尘镜片和传感器之间，另一种情况是挡尘镜片在标准源和传感器之间。后者的校准过程可以消除掉镜片污染造成的影响，而前者只有通过定期的检查擦拭挡尘镜片达到准确校准的目的。

校准的过程可以是自动或手动的。自动过程仪器根据设定的时间自动地进行纠偏过程。有的自动校准的烟尘仪一般还有一个功能，即监视挡尘镜片的污染程度，当污染造成透过率偏差达到一定门限后自动报警，提示人工擦拭挡尘镜片。

手动校准过程必须采用手工的方式完成校准过程。一些仪器具有半自动校准的功能，首先通过仪器自动地进行零点及跨度检测，对结果的纠偏过程通过后台软件实现。

无论是自动还是手动校准，必须定期检查标准源的有效性，是否被污染、是否变形等。

4.3.4　对穿法烟尘监测仪使用特点

单光程的对穿法烟尘仪在实验室能够达到其说明书的指标，在现场复杂多变的现场条件下一般无法进行准确的调试，特别是现场校准问题始终无法很好解决。因此单光程的对穿法烟尘监测仪在现场的使用会受到很大的限制。

一些对穿法烟尘监测仪输出信号没有进行线性化处理，只有透光度或吸光度的输出值，没有光密度或其他与烟尘质量浓度呈线形的输出信号，这种产品可用于除尘器或其他过程的非质量浓度监测、控制或报警，如果用于烟尘排放监测，即使经过参比校准也不能准确输出质量浓度信号，一般不容易满足环保监测的要求，在仪器选型时要引起注意。

由于双光程对穿法烟尘监测仪采用双侧安装仪器，测量点对面需安装反射镜。反射镜一般采用角反射镜（不能采用镜面反射镜），只要入射光束对准了反射镜，光束就经180°原路返回发射端。如果反射不采用角反射镜，仪器的对中将成为一个难题，加之在使用过程中的温度或其他因素造成的机械变形，仪器无法长期保持准确对中，造成仪器无法正常工作，因此使用非角反射镜的情况的对穿法烟尘仪也无法保证仪器长期的正常可靠的工作。

对穿法烟尘监测仪的测量范围，一些人想当然认为只要有光透过就可以监测烟尘的浓度，甚至有人认为对穿法烟尘监测仪的最大测量范围就是透光度为零时对应的浓度。其实由于仪器光源、结构、高浓度修正机制不同，要准确使用，必须严格按所选型号烟尘监测仪的测量范围要求使用。如果低排放浓度（如 $30mg/m^3$ 以下）采用大测量范围的仪器，就有可能达不到要求的测量精度要求，甚至检测不到足以分辨的有效信号。反之，如果采用较小测量范围的仪器测量较高的排放浓度，有些仪器无法给出正常的数据，有些则因缺乏必要的高浓度等修正补偿措施，虽然能够得到数据但数据的准确有效性大打折扣。一般的对穿法烟尘监测仪都采用光密度来衡量测量范围，在选型仪器时必须评估所选仪器的光密度测量范围是否与排放点的浓度及烟囱的直径对应。

双光程对穿法的测量区为两倍的光束穿越烟尘颗粒群的距离。一般在选型时烟尘监测仪指明了烟尘仪能用于多大的烟道或烟囱，烟尘仪所指明的烟道或烟囱适用直径指的是从两端法兰端面之间的距离，包括烟道或烟囱的内净尺寸、两倍的烟道或烟囱的壁厚及两倍的固定法兰的探出长度。由于仪器准直系统的容限，必须考虑该尺寸与烟尘仪的要求对应，否则安装后不能正确对焦。

法兰焊接的方向也很重要，这是一个经常被忽视的问题。对穿法烟尘监测仪的两端安装后须在同一轴线上。烟尘仪法兰本身一般具有一个三点碟形垫片和螺母组成的方向调整装置，可以调整安装角度在大约5°立体角的范围。这要求焊接或预埋法兰的轴向角度偏差不能大于5°，否则就无法进行对中调整。这种三点碟形垫片和螺母组成的方向调整装置是与焊接（预埋）在烟囱上的固定法兰对接，烟尘仪主体在维护需要拆下时，角度调整机构保留在固定法兰上不动，保证烟尘仪经过维护维修后与烟囱的定位关系不变。有一些烟尘仪没有三点碟形垫片和螺母组成的方向调整装置，采用附加垫片的形式调整角度，这种情况下现场调整非常困难，较难保证安装要求。如果采用这种方式，必须要求在烟尘仪附加一个机构以使得在维护维修后重新安装时与烟囱的定位关系不变，否则调试过程包括参比试验所得到的全部参数都会失效。

4.4　散射法烟尘监测仪

4.4.1　基本原理及发展历史

随着环保意识的加强及法规更加严格，排放烟尘的浓度越来越底，电厂的烟尘排放一般在 $50\mathrm{mg/m^3}$ 以下，这时对穿法从原理上的局限性就越来越突出，我们考察对穿法直接测量的值是消光后的光强，而演算结果要求的是对数差$[\ln(I_0)-\ln(I)]$，也就意味着光电传感器要在很强的光强条件下测量光强的变化率，在较低烟尘浓度情况下这对传感器提出了很苛刻的要求，限制了对穿法在低浓度范围下的应用，也就是说分辨率不够。而散射法则无此限制，不仅分辨率大幅度提高，采用后向散射法可以单端安装，使得安装条件大大改善而且安装调试劳动强度大大降低。

将一激光束投射入烟道/烟囱，激光束与烟尘颗粒相互作用产生散射，散射光的强弱与烟尘的散射截面成正比，当烟尘浓度升高时，烟尘的散射截面成比例增大，散射光增强，通过测量散射光的强弱，可以得到烟尘中烟尘颗粒物的浓度。其原理（图4-6）公式推导过程如下。

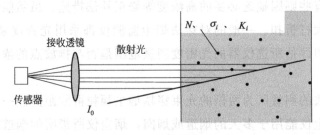

图 4-6　散射法原理

设颗粒散射截面为 σ_i 的颗粒的散射系数为 K_i，入射光光强为 I_0，则单个颗粒的散射光能（特定背向散射立体角）

$$E_{si}=I_0\times K_i\times\sigma_i \tag{4-8}$$

设颗粒物的粒径分布为 $f(D)$，单位体积内颗粒的总个数为 N，则散射截面为 σ 粒径为 D 的颗粒的个数为

$$N_i=N\times f(D_i) \tag{4-9}$$

散射截面为 σ_i 的颗粒物的散射光能为

$$E_{si}=K_i\times N\times f(D_i) \tag{4-10}$$

所有颗粒的散射光能

$$E_s=N\int f(D)K_i\mathrm{d}D \tag{4-11}$$

则由测的散射光能可以得到

$$N=E_s/(\int f(D)K_i\mathrm{d}D) \tag{4-12}$$

体积为 V 的测量区颗粒物质量为

$$W=N\rho\int f(D)\pi D^3\mathrm{d}D/4 \tag{4-13}$$

将式(4-12)代入式(4-13)

$$W=E_s\rho\frac{\int f(D)\pi D^3\mathrm{d}D}{4\int f(D)K_i\mathrm{d}D} \tag{4-14}$$

设测量区体积为 V 则颗粒物浓度

$$C=E_s\rho\frac{\int f(D)\pi D^3\mathrm{d}D}{4V\int f(D)K_i\mathrm{d}D} \tag{4-15}$$

式(4-15)右半部分中对于具体排放源而言，除了 E_s 外全为与颗粒分布、颗粒物性、仪器结构相关的常数，表示上简单起见令其等于常数 K，则整个原理简化成一个没有常数项的线性变换

$$C=K\times E_s \tag{4-16}$$

可见通过测量散射光能的大小可以得到烟尘的质量浓度，这就是散射法的基本原理。

4.4.2 几种散射法烟尘仪的结构特点

散射式烟尘监测仪在光路布置上有同轴及异轴两种形式，发射光束与接收系统在同一轴线上成为同轴系统，不在同一轴线上称为异轴系统。

同轴光路如图 4-7 所示，测量取样区由接收透镜的口径、接收光阑、焦距及探测器的有效接收面元的大小决定。一般在订购烟尘仪时须告之仪器供应商烟囱的大小及烟囱的壁厚，供应商在仪器出厂时将测量区的位置、大小调整好。出厂后一般不允许调整。

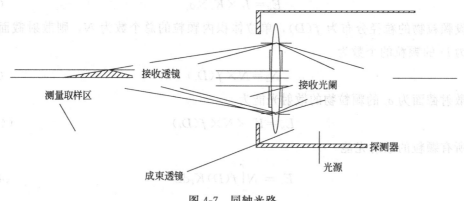

图 4-7　同轴光路

采用异轴布置的结构形式如图 4-8 所示，激光束与接收透镜轴以一个小的角度投射到烟尘中。

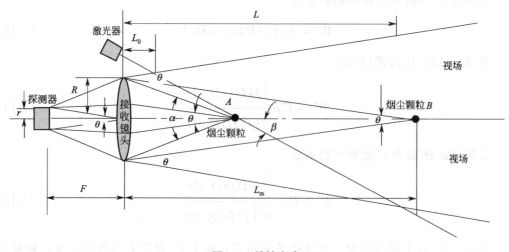

图 4-8　异轴光路

图中，F 为接收透镜的焦距，R 为接收透镜的半径，r 为探测器的半径。限定被激光束路径范围内的颗粒污染物，设接收透镜中心点到光探测器有效区域的立体张角为 θ，则只有在镜头前立体张角为 θ 范围内的颗粒发出的散射光可以通过接收透镜部分落在探测器上，光学系统的视场角为 θ。以处于接收光轴上的颗粒为例，设颗粒对于接收透镜有效口径的立体张角为 α，颗粒后向立体张角 α 范围内的散射光由接收透镜接收到，当 $\alpha > \theta$ 时，仅立体张角在 θ 内的散射光汇聚在探测器上形成电信号。图 4-8 中透镜前距离为 L_M 的范围内光轴上的颗粒所发出的散射光都只有张角为 θ 的后向散射光进入探测器，在此距离范围内，如忽略复散射及激光束的衰减，等径颗粒在探测器上产生的光能贡献与距离无关，此距离称为临界距离。当颗粒到透镜之间的距离继续增加时，$\alpha < \theta$，这时颗粒发出的散射光只要进入接收透镜就会被探测器探测到，随着距离的增加，在探测器上的光能贡献随接收透镜到颗粒距离的二次方速度

衰减。

异轴布置测量区的位置更容易调整，只要改变光束的倾角即可方便地改变测量取样区的位置。有些品牌的仪器允许用户在现场进行一次调整。

4.4.3 散射法烟尘仪的校准

散射法烟尘仪的校准一般采用在光路上放置一个散射光挡板和标准散射板及滤光片实现。零点的产生是采用挡板将散射光挡住使之不能进入传感器，这时仪器的输出信号为零点输出信号。标准散射板的散射能力是固定的，一般可以用这一点代表仪器的最大测量范围，在散射板及传感器之间插入滤光片可以模拟跨度点。

散射法烟尘监测仪的校准同样可以是自动的或手动方式的。自动方式是将以上手工过程自动化并附加一些判断约束。实际上，散射法烟尘监测仪的量程校准点与仪器量程之间的概念只有相对的意义，仪器提供的校准点是提供了仪器在使用过程中的一致参照标准。当仪器经过维修后这些参照标准是不变的，如果产生了偏差就需要校准，以保证仪器现场参数的一致性及仪器维修维护后测量标准的一致性。一般在烟尘排放浓度范围内，现场自动或手动只需两点就可以满足排放监测要求，一般这两点为零点和一个跨度点。

自动校准一般有一些校正约束条件，如镜头污染太严重会报警等。手动校准过程一般分三步进行：将标准源（零点或跨度点）校准装置与主机连接；检测输出信号并与第一次检测的记录或者标准值比较；调节仪器的相应器件将偏差消除。

在进行校准时有一点要注意的是，校准装置与主机连接时定位要准确一致。如果定位采用销孔方式连接，每次校准连接校准器时要将校准器向一个方向旋转定位，否则由于定位的回差会引起较大的定位校准偏差。

4.4.4 散射法烟尘监测仪的使用特点

散射法的采样测量区必须慎重考虑。散射法的采样测量区一般位于烟尘仪探头前0～5000mm 的范围内，测量区对于信号大小的贡献而言是一个不等权的区域。实际应用中对于测量目标 1m 左右的一个取样测量区已经足够了，对高浓度排放源设置一个大的取样测量区会导致更高的非线性。一般散射法的采样测量区都在 1m 以内。

测量区的位置设定尤其重要，一般要考虑两个因素。一个因素是烟囱壁厚因素（还应加上焊接法兰的探出烟囱外壁的长度）和烟囱壁效应的影响，测量区应距烟囱内壁 200mm 以上，测量区的大小可以设定在 200～1000mm 左右。另一个因素是光束投射到对面烟囱壁上的反射信号应处于仪器的有效接收孔径之外。

使用散射法烟尘仪经常遇到的一个问题是烟道壁反射问题。散射法烟尘监测仪如果调整不当，光源的光束与对面烟囱壁相交时的反射信号进入探测器会严重影响仪器的工作。对于小直径烟囱尤其要注意这个问题。有些品牌的烟尘监测仪在使用到小直径烟囱上必须在烟囱对面安装一个"光陷"的装置,目的是吸收掉入射的光不发生散射或反射。对于异轴布置的光路而言,很容易调整测量区的位置,一般不需要"光陷"装置。

4.5　其他烟尘监测仪

除对穿法和散射法外,还有一些原理上不同的测量方法。如动态光闪烁法、静电感应法、β射线法。

动态光闪烁法从仪器组成结构上类似与对穿法,同样需要在排放源的两端安装两个分离的单元。当颗粒物穿过测量区,由于颗粒的消光作用,在探测器上会产生相应的电信号,通过测量区大量颗粒物的统计效应使得光电探测器输出一个与颗粒物浓度相关的缓变的电信号,这是对穿法的实质。由于半导体光源的应用,光的准直特性非常好,光束的单位截面积的强度可做的越来越大,光束的截面积可以作的越来"越小",同样探测器的灵敏度及分辨率越来越高,测量区可以设计的非常小,这样单个颗粒造成的探测器输出的瞬时变化可以清晰地分辨出来,理论及试验表明,在颗粒物粒径分布不变、颗粒物折射率不变、光源光强不变的条件下,确定频段的探测器输出强度与颗粒物浓度成正比。

与对穿法比较,从原理上而言,动态光闪烁法具有更高的分辨能力,同时对仪器镜头污染的抵抗能力增强,可以用于测量更低排放浓度的颗粒物。结构上动态光闪烁法与对穿法相似,其选型、安装、调试与对穿法基本相同。

由于探竿上的电荷可以通过颗粒物的摩擦产生,同时也可以感应产生,因此静电感应法也称静电摩擦法。如果颗粒物的介电特性、湿度、速度等不变情况下,探竿上的荷电量与颗粒物的浓度具有相关性。若采用双探竿结构可以测量两个探竿之间的动态电荷差异,和动态光闪烁法类似,就建立了动态摩擦电荷法的烟尘监测仪。动态摩擦电荷法的烟尘监测仪具有双探竿结构,同单探竿结构比较具有更高的抗干扰能力、更小的漂移。采用双探竿结构可以利用相关技术原理同时测量两相流的流速。目前摩擦电荷法主要用于除尘设备的监控报警。

5 烟气参数连续测量

5.1 烟气氧含量

在燃烧期间，由于使用了过量的空气导致燃煤锅炉和废弃物焚化炉烟气中出现氧（O_2）。国家要求污染物的排放浓度应为折算浓度，因此必须准确测量烟气中的含氧量。

目前，烟气 CEMS 中常用的氧（O_2）分析仪有：氧化锆分析仪（in-situ 式和抽取式）、顺磁/热磁氧分析仪、电化学法氧分析仪。

5.1.1 氧化锆分析仪

5.1.1.1 型式

（1）in-situ 式 即测量池在烟道中。

（2）抽取式 分为烟道上抽取式，即采样探头插入烟道，测量池安装在烟道上；或抽取烟气，测量池安装在离烟道一定距离的分析仪中（需要样品输送管路）。

5.1.1.2 测量原理

氧传感器中使用的氧化锆是一种固体电解质，是在纯氧化锆中掺入氧化钇或氧化钙，于高温下烧结成的稳定氧化锆。在 600℃ 以上的高温条件下，它是氧离子的良好导体，一般做成管装。氧化锆传感器原理如图 5-1 所示。

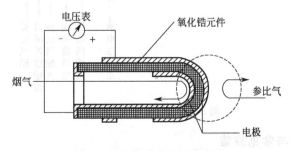

图 5-1 氧化锆传感器原理示意

如果在氧化锆管内外两侧涂制铂电极，对氧化锆管加热，使其内外壁接触氧分压不同的气体，氧化锆就成为一个氧浓差电池，在两个铂电极上发生如下反应

在空气侧（参比侧）电极上：$O_2 + 4e^- \longrightarrow 2O^{2-}$

在低氧侧（被测侧）电极上：$2O^{2-} \longrightarrow O_2 + 4e^-$

即空气中的一个氧分子夺取电极上四个电子而变成两个氧离子，氧离子在氧浓差电池的驱动下，通过氧化锆迁移到低氧侧电极，留给该电极四个电子复原为氧分子，电池处于平均状态时，两电极间电势值 E 恒定不变。

氧电势值 E 符合能斯特方程

$$E = \frac{RT}{4F} \ln\left(\frac{P_A}{P_X}\right)$$

式中，R 为气体常数；F 为法拉第常数；P_X 为被测气体氧浓度百分比；P_A 为参比气体氧浓度百分比。

将氧化锆管加热至大于 600℃ 的稳定温度，在氧化锆管两侧分别流过被测气体和参比气体，则产生的电势与氧化锆管的工作温度和两侧的氧浓度有固定关系。如果知道参比气体的浓度，则可根据氧化锆管两侧的氧电势和氧化锆管的工作温度计算出被测气体的氧浓度。

5.1.1.3　结构

氧化锆测氧仪器主要由氧化锆检测器、氧化锆转换器组成。氧化锆氧浓度检测器一般为直插式结构，氧传感器安装在检测器头部，其结构如图 5-2 所示。检测器设有标准气路，可由转换器对检测器进行在线标定。"标定气输入"口为校准操作时使用，不进行校准操作时要将此口堵死，以防空气泄漏出去，引进测量误差。"参比气输入"口任何时间都要开放，保持与大气相通。

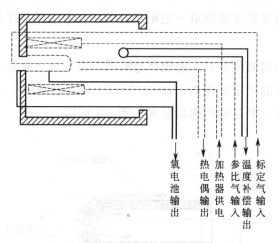

氧电池输出　　热电偶输出　　加热器供电　　参比气输入　　温度补偿输出　　标定气输入

图 5-2　氧化锆测氧结构原理

5.1.1.4　日常维护与常见故障

（1）维护检查内容

① 根据工艺要求，通标准气检查仪表测量的准确性。

② 清理探头传感器上的灰尘，以免影响反应时间。

注意：清理时用毛刷刷，检测器朝下轻拍。若用风吹，风压在 $0.1\sim0.2\text{MPa}$，切忌风中含有水。万一溅上水，这时绝不能通电加热升温，否则锆管因受热不均而极易炸裂；只有晾干或用热风吹干后方可通电加热升温。

（2）清理标准气管路

在标准气管内加上约 $0.1\sim0.2\text{MPa}$ 的压缩空气，将灰尘由气孔排出。如管子有堵塞，则可用一钢丝将其捅开。标准气管如图 5-3 所示。

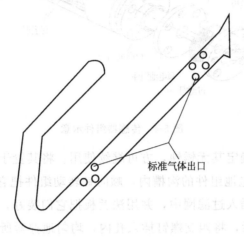

标准气体出口

图 5-3 标准气管路图

注意事项：在通压缩空气时，必须停电待传感器冷却到室温后，流量为 $2\sim3\text{L/min}$。如果锆管在水中清洗过，则重新组装时应该将其弄干，然后再组装。

（3）检修或更换传感器

这项工作一定要在确认传感器有问题时进行。氧探头加热到 $750℃$（测量电偶电势在 31mV 左右），再测试锆管内阻，即用万用表欧姆挡正向、反向各测试一次，两次数值取算术平均值。例如正向读数为 $+120\Omega$，反向读数为 -26Ω，两数相加之和为 94Ω，除 2 后得 47Ω。只有锆管内阻大于 800Ω，并且是从探头电池端子处测试得的数据，探头电池负端子对探头法兰之间电阻小于 1Ω。经过细致测试工作后确认锆管内阻大于 800Ω，这时可确认氧传感器（电池）需要检修或更换。关掉仪器电源，待电池温度降到室温后取下传感器，按下述方法更换组件。

① 取下整个传感器组件，参看图 5-4。

a. 从电池组件上取下四个螺钉；

b. 取下标准气导管及法兰板；

c. 顺时针转动氧电池组件，从接触弹簧圈上旋下，同时取下 O 形金属环，注意不要将其划伤。

② 安装方法

a. 清洁弹簧圈沟槽、氧电池密封环沟槽及检测器端面，若有锈蚀需要换新的。

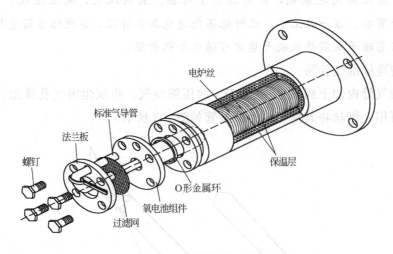

图 5-4　传感器组件示意

b. 检查弹簧圈，确定其无锈蚀，方可继续使用。将其置于弹簧圈沟槽。

c. 将 O 形环装入电池组件的沟槽内，顺时针转动组件把它插入探头，将孔对齐。

d. 把标准气导管插入过滤网中，并用法兰板把它们装好，定好过滤网的位置。

e. 组件位置定好后，将四支螺钉插入孔内，均匀地拧紧所有的螺钉。

（4）故障及排除

① 加热温度上不去：在探头端用万用表测量电炉丝接线端的电压，若有交流电压，则是控制器或接线有问题。

② 出现温度高故障，可考虑下列原因：

a. 可控硅可能已击穿，控温电路已经失去对电炉的控制作用；

b. 温度补偿回路有问题，温补元件未接或松动；

c. 电偶回路未接通，数据采空。

③ 氧浓度测量值居高不下：法兰密封不严，或校准气管有漏气。

④ 校准时校零校不下来：通零气时检查氧电势，如当通 2% 氧含量的校准气时，氧电势应为 50mV 左右，如果氧电势差的很远，说明氧化锆反应池已经衰老，需要更换，氧化锆头的寿命为 1~2 年。

5.1.2　顺磁/热磁氧分析仪

利用氧气的顺磁性测量 O_2 浓度。氧气分子是顺磁性的，能够利用这种特性影响样品气体在分析仪中的流动方式。

由于顺磁氧分析仪与抽取系统联合使用。样品进入分析仪前必须除去水分和颗粒物。注意 NO 和 NO_2 也是顺磁性的，如果它们的浓度高，可能对仪器产生一定的干扰。

具有三种类型的顺磁性分析仪：磁风、磁压和磁力矩。

5.1.2.1 磁（磁风）分析仪

本方法利用温度依存顺磁的关系，产生磁力感应气流（磁风），然后测量磁风（图 5-5）。分析的样品气体流过一个由样品室和参比室组成的双室系统。保持两个室的温度依赖于构成惠斯通电桥的部件电阻器。两个室具有同等的热力学条件。样品室位于永磁铁磁场内，而参比室不在该区域。电桥与恒流源相连，如果没有氧气的气体流过两个室，两个室的热力学条件保持相等。如果样品气体室中的气体含有 O_2，增强的循环气流正比于样品室的 O_2 含量。这扰乱了温度的平衡，温度取决于电桥电路产生的直流信号，直流信号正比于样品气体的 O_2 含量。用惠斯通电桥能够检测电流的变化，电流的大小与 O_2 浓度相关。

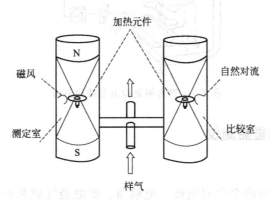

图 5-5 磁风氧传感器结构原理

5.1.2.2 磁风力（磁压）分析仪（图 5-6）

如果在磁场中含氧量不同的两股气体相遇，由于它们的磁性不同，在它们之间存在压差，能够利用该压差形成气动惠斯通电桥。把参比气体（N_2、O_2 或空气）从两个通道导入样品室，在脉冲磁场的感应下部分参比气流与样品气流相遇，磁场吸收 O_2 分子到样品气流的出口并产生一个小的反压，导致两股参比气流之间在气动电桥中小的补偿流动。该流动由微流量传感器测量并正比于样品气体中 O_2 的含量。

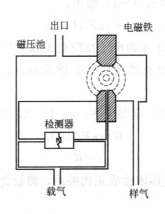

图 5-6 磁压氧传感器结构示意

5.1.2.3 磁动力（磁力矩）分析仪（图5-7）

流动气体样品中的O_2分子在磁场中会形成局部的压力梯度，能够利用这种梯度对位于磁场中的小哑铃形状的物体施加压力。扭矩引起哑铃位移，由一个镜子和光电池组合件测量该位移-哑铃的角坐标。产生的补偿电流为位置的函数，导致电磁扭矩抵消测量扭矩并且试图使哑铃回到它原来的位置。该补偿电流正比于样品气体中所含O_2量。

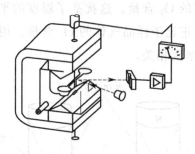

图5-7 磁力矩氧检测器结构原理

5.1.3 电化学氧含量监测仪

5.1.3.1 测量原理

原电池式传感器由两个金属电极、电解质、扩散透气膜和外壳组成，两个金属电极中Ag为工作电极，Pb为对电极。传感器工作时O_2通过扩散透气膜进入传感器，在工作电极上发生如下电化学反应

$$O_2 + 4H^+ + 4e^- === 2H_2O$$

同时，对电极上发生氧化反应

$$2Pb + 2H_2O === 2PbO + 4H^+ + 4e^-$$

这样其总反应为

$$2Pb + O_2 === 2PbO$$

此电池反应所产生的电流由式（5-1）给出：

$$i = (nFAD/L)c \qquad (5\text{-}1)$$

式中，i为传感器输出电流；n为电子反应电子数；F为法拉第常数；A为电极有效面积；D为O_2通过扩散透气膜及薄液层的扩散系数；L为扩散层厚度；c为O_2气体浓度。

当传感器的结构确定后，在一定温度下，n、F、A、D、L均为常数，则

$$K = nFAD/L \qquad (5\text{-}2)$$

得出

$$i = Kc \qquad (5\text{-}3)$$

即传感器输出电流与O_2气体浓度成正比关系，测量此电流即可定量O_2。

5.1.3.2 维护及常见故障

① 由于采用抽取方式，为保证仪器正常运行，必须对仪器的取样系统进行检查和维

护。包括：定期对所有通气管和管接头检查，发现接头不严、漏气，应及时处理；每次对仪器的维护工作期间，应检查气路的气密性；对仪器气室的入口端和出口端连接的安全过滤器进行检查，发现污染要及时更换。

　　② 定期用标准气或仪表空气对氧含量进行校准。

　　③ 氧含量测量值不稳定或很低，需检查氧传感器电压：通入空气时，电压低于 7mV 时说明氧传感器已失效，应及时需更换。

5.2　烟气流速

　　烟气流速是烟气参数的一个重要物理量，其测量精度直接影响污染物排放总量的精度。常用的烟气流速测量方法有 S 型皮托管法、平均压差皮托管（阿牛巴皮托管）法、超声波法、热平衡法、靶式流量计法等。

5.2.1　S 型皮托管法

5.2.1.1　测量原理

　　皮托管由两根相同的金属管并联组成，测量端有方向相反的两个开口，一根管面正对气体流动方向测量全压，另一根管平行于气流或背向气流测量静压。皮托管两管连接微压传感器并且连接放大器，测得的压差由微压传感器测得，经放大调制，输出电压与 S 型皮托管测得压差成比例关系（图 5-8），即

$$P_d = kV_0 \qquad (5-4)$$

式中　P_d——烟气动压，Pa；

　　　　k——放大器放大倍数；

　　　　V_0——传感器输出电压，V。

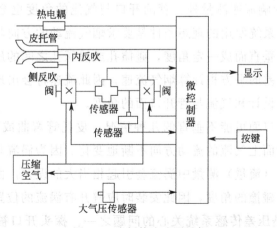

图 5-8　皮托管流速测量仪

　　测定的烟气流速 v_s 按式(5-5)计算

$$v_s = k_p\sqrt{\frac{2P_d}{\rho_s}} = 128.9K_p\sqrt{\frac{(273.15+t_s)P_d}{M_s(B_a+P_s)}} \tag{5-5}$$

式中　v_s——烟气流速，m/s；

K_p——皮托管修正系数；

P_d——烟气动压，Pa；

ρ_s——烟气密度，kg/m³；

t_s——烟气温度，℃；

M_s——烟气摩尔质量，kg/kmol；

B_a——大气压力，Pa；

P_s——烟气静压，Pa。

5.2.1.2　使用和维护注意事项

①　保持皮托管正对气流测孔表面的清洁是保证准确测量烟气流速的重要条件，需要采用高压反吹技术定期反吹皮托管。气源为压缩空气，反吹压力为 4～7kg/cm²。反吹时间、周期视烟气中颗粒物特性和浓度而定，一般为 15min～8h 一次（预先设定），反吹持续时间为 5～10s。反吹时注意防止反吹气体输送距离太长，造成大的压力损失而达不到有效的反吹效果，同时要防止反吹气体冷却皮托管探头，造成酸气和其他气体冷凝。

②　为防止压差传感器因安装地点温度变化、振动、电磁辐射、静电等的干扰造成零点漂移，影响流速的准确测量，应定期自动校准仪器的零点。

③　应定期地检查烟气对皮托管的腐蚀情况，特别是当皮托管应用于湿法除尘、脱硫净化设施后测量烟气流速时。当烟气温度低、烟气中水以水雾和水滴的形态出现时，仅用常用的不锈钢不足以防止皮托管被腐蚀，还必须采取其他的防腐技术，如给皮托管喷涂耐温的聚四氟乙烯防腐层等。

④　除流速分层影响流速测量外，管的开口与气流的角度也会引起流速的测量误差。例如，压差传感系统使用的理想条件是要求烟气流动的方向与管开口面垂直。如果气流与管开口面不垂直而成一定角度，碰撞孔或静压孔之间的压差与垂直时的压差存在误差，由于用压差的平方根计算烟气流速，因此流速将会出现偏差。流速偏差的高低，取决于探头的设计和气流与管开口面的角度。

气流方向与管开口面可能不垂直的几种情况：皮托管弯曲或下垂或随气流振荡；气流为涡流；测量断面上气流的流动方向不断地变化。因为涡流与探头碰撞的角度极不垂直，所以在流速（流量）测量中涡流会引起相当大的误差。由于不能校准气流与压差传感器系统探头碰撞的角度，因此安装时应避开有涡流的位置。

⑤　探头堵塞也是压差传感系统关心的问题之一。探头开口被堵塞，压力引起偏差，要定量此偏差是很困难的。设计上，由于有反吹系统，慎重选择反吹的频率和反吹的压力，探头堵塞的问题极为少见。由于分子的扩散作用，在皮托管中可能出现气

流中的湿气冷凝，若定期反吹应能排除。

⑥ 通常在探头后对压差系统进行校准检查。主要是检查压力传感器，先是密封系统探头，然后增压。此方法实际上是检查泄漏和电子方面的问题。

5.2.2 平均压差皮托管（阿牛巴皮托管）法

平均压差皮托管（阿牛巴皮托管）是皮托管的改进型，管上开有4个或4个以上的孔，该测孔位置与圆形烟道截面同心环中心线与直径线的交点一致，或与矩形烟道截面上设置的手工方法测定（一个测孔）流速的测点一致。测孔面对气流方向测出烟道直径范围内或测量线上的平均压力，高压测孔后面的测孔测得静压。由于安装在不同直径（或宽度）的烟道或烟囱上，平均压差皮托管测孔的开孔位置也不同，因此在设计皮托管前必须仔细地测量烟道的尺寸。

平均压差皮托管仅仅测定烟道一条直径线上或测量线上烟气的平均流速，如果安装相互垂直的两个皮托管，更能准确地测量烟气的流速。平均压差皮托管和皮托管一样，它的准确度取决于修正系数（K_p）的稳定性和假定的烟气密度（分子量或组分和温度）。因为准确地测量低压差（ΔP）比较困难（实际测定的最小压差约为5Pa，能够测量的最低流速约为2～3m/s），所以S型皮托管和平均压差皮托管测定低流速时比测定高流速的灵敏度低，准确性也差。同时，黏性的颗粒物、酸性气体和水滴可引起测量系统的故障，采用反吹或其它清洁技术有助于改善系统的性能。由于面对气流测孔的烟气压力不同，在平均压差皮托管中存在气体流动的问题，对准确测量烟气流速会产生一定的影响。

平均压差皮托管使用时间不宜过长，长期使用，皮托管可能发生变形（弯曲）。由于皮托管上开孔多，导致因反吹气体压力损失而不足以将聚集在面对气流方向测孔上的尘粒吹扫干净，影响测量准确度。皮托管长度也不宜过长，否则会给正常维护和更换皮托管造成困难。

5.2.3 超声波法

5.2.3.1 原理

在流体中设置两个超声波传感器（图5-9），他们既可发射超声波又可以接收超声波，一个装在管道的上游，一个装在下游，其距离为L。如顺流方向的传输时间为t_1，逆流方向的传输时间为t_2，流体静止时的超声波传输速度为c，流体流动速度为v，则

$$t_1=L/(c+v)；t_2=L/(c-v) \tag{5-6}$$

一般说来，流体的流速远小于超声波在流体中的传播速度，则超声波的传输时间差为

$$\Delta t=t_2-t_1=2Lv/(c^2-v^2) \tag{5-7}$$

可以求出流体的流速为

$$v = c^2 \Delta t / 2L \tag{5-8}$$

实际应用中两个超声波传感器呈夹角相对安装，此时的超声波的传输时间由式（5-9）确定

$$t_1 = \frac{\dfrac{D}{\cos \theta}}{c + v\sin \theta}, \quad t_2 = \frac{\dfrac{D}{\cos \theta}}{c - v\sin \theta} \tag{5-9}$$

在烟气流速连续监测中，在烟道或烟囱两侧各安装一个发射/接收器组成超声波流速连续测量系统，典型的角度为 $30° \sim 60°$。

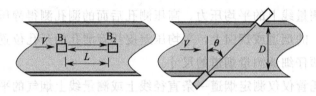

图 5-9　超声波法流速测量原理

超声波流速连续测量系统的内部检查技术是采用电学的方法代替顺气流方向的信号和逆气流方向的信号，使两个信号相等得到内部零点。通过引入已知延迟时间的声脉冲信号，并测量声脉冲延迟时间检查系统的漂移。

5.2.3.2　使用和维护注意事项

① 由于仪器为跨烟道或跨烟囱测量系统，不像插入式测量探头那样容易受到气体的腐蚀和颗粒物的沾污。但颗粒物仍会弄脏发射/接收器表面，因此，需要用清洁空气吹扫发射/接收器，保持传感器的清洁，防止附着微粒。

② 超声波流速连续测量系统测量的是一条线，得到线平均流速而不是面平均流速。因此，理论而言，对于大多数用手工方法测定圆形烟道一条直径线的平均流速作为面平均流速的烟道，通常不需校准超声波流速连续测量系统的测定结果，可将测得的线平均流速作为面平均流速。当超声波流速连续测量系统安装在矩形烟道或管道上时，仍需要利用场系数把线平均流速转换为面平均流速。

③流速分层，测量位置出现涡流、轴流都会影响流速测定。所以测量系统应尽量避免安装在这样的位置。超声波技术能够测量低至 0.03 m/s 的气流流速。

5.2.4　热平衡法

5.2.4.1　原理

热传感技术需要两个传感器：一个加热，另一个不加热。加热的传感器，温度高于烟气温度 $25 \sim 40℃$，不加热的传感器为温度传感器。热传感器是在陶瓷管上缠绕一根金属铂电阻丝，然后用不锈钢管保护陶瓷管。长传感器（速度传感器）加热，短传感器（温度传感器）不加热（图 5-10）。速度与温度传感器与电桥连接，在二者之间保持加热传感器与不加热传感器之间有一个恒定的温差。当流动的烟气使加热传感

器冷却时，增加通过加热传感器的电流以保持温差的恒定。增加的电流（和产生的电压信号）相当于加热传感器的热损失。

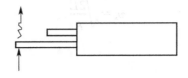

图 5-10　热传感器

热平衡流速连续测量系统与压差型仪器不同，直接测量气体的质量流量，而不是体积流量。加热传感器的冷却效率取决于烟气的热传导率，热传导率与气体的黏度和比热有关，气体的黏度分别与气体的流速和密度有关。其结果是热传感仪产生的输出信号与气体的质量流量成正比而不与体积流量成比例，即

$$输出信号 = f(热的损失) = f(T_v - T_s) = \rho v_s A_s \qquad (5-10)$$

式中，ρ 为烟气密度；f 为热的损失函数，与温差、气体组分和给流速传感器输入能量有关的经验函数，kg/h；T_v 为速度传感器的温度；T_s 为烟气温度；v_s 为烟气流速；A_s 为测定位置烟道或管道断面面积。

当用质量流量表示流量时，不需要测量烟气的温度和压力。当测量烟气流速（m/s）和体积流量（m³/h）时，必须知道气体的密度（g/cm³）。因为气体的密度与气体的组分有关，烟气中的水分含量、CO_2 浓度的变化等会影响仪器的校准。

5.2.4.2　使用和维护注意事项

水滴将引起热传感系统的测量误差，因为附着在传感器上的水滴蒸发会带走热量，水蒸发造成的热损失被认为是气流带走的热损失，结果导致测量流量偏高的误差。因此，热平衡流速测量系统不适合含有水滴的烟气流量的测量。热传感系统会受到腐蚀和黏附微粒。酸液会腐蚀探头金属结合处并造成灾难性的故障而不是系统误差。黏性的微粒在探头的温度传感器上形成绝缘层，将使仪器的响应时间变慢，不能实时地跟踪测量变化的流速。因此，应采用多种技术减少存在的问题，如：瞬时加热传感器，或用清洁气体吹扫探头上的沉积物，或采用机械的方法清除传感器表面的沾污物，目前这些技术都得到了应用。

热传感系统的校准检查，很少检查与热传感本身有关的测量偏差问题。校准检查仅仅是用模拟信号检查后端的电子系统，很少指示在烟道中遇到的测量偏差问题。热传感技术能够测量低至 0.05m/s 的气体流速。测量流速范围通常为（标准状况下）0.5～150m/s。

5.2.5　靶式流量计法

5.2.5.1　原理

在烟道或管道中垂直于烟气方向上安装一个圆形的靶，烟气经过时由于受阻必然

要冲击圆盘形的靶,靶上所受的作用力与流速存在一定关系。因此通过力矩转换方式测出靶上所受的力或动压,便能够求出流速。流速与动压能的关系式为

$$v_s = \sqrt{\frac{2E}{\rho}}$$ (5-11)

式中　　v_s——烟气流速;

　　　　ρ——烟气密度;

　　　　E——烟气动压能。

5.2.5.2　使用和维护注意事项

靶式流量计适合于测量水平烟道或管道内烟气流速。与皮托管一样,要防止插入烟气中的靶被烟气腐蚀,需要定期检查并清理靶上的积灰。

5.3　烟气温度

烟气温度是烟气重要的状态参数之一,它涉及烟气湿度、密度、流速、流量等几乎所有的计算,是必须测定的重要参数。烟气温度在烟道内横断面分布通常是均匀的,即使有偏差,对最终的结果影响也可忽略不计,因此烟气温度只在靠近烟道中心的一点测量。烟气温度通常采用热电偶或热电阻原理的温度变送器测量。

5.3.1　热电耦温度仪原理

将两根不同的金属导线连成一闭路,当两接点处于不同的温度环境时,便产生热电势。两接点的温差越大,热电势越大。如果热电耦一个接点的温度保持恒定(称为自由端),则热电耦产生的热电势大小便完全决定于另一个接点的温度(称为工作端)。通过测量热电耦的热电势,就可以得出工作端所处环境的温度。

热电耦有镍铬-康铜,镍铬-镍铝,铂-铂铑等多种,在烟气测试中多采用镍铬-镍铝热电耦。

5.3.2　热电阻温度仪原理

铂热电阻性能稳定、重复性好、精度高,在工业用温度传感器中得到了广泛应用。它的测温范围一般为−200~650℃。铂热电阻的阻值与温度之间的关系近似线性,温度上升时,铂电阻的电阻值将增大。

常用的热电阻式传感器结构由热电阻、连接热电阻的内部导线、保护管、绝缘管、接线座组成。

5.4　烟气压力测定

烟气压力是气体在管道中流动时所具有的能量,包括两部分:一部分能量体现在

压强大小上，通常称为静压；另一部分体现在流速的大小上，通常称为动压。静压为作用于管道壁单位面积上的压力，这一压力表明烟道内部压力与大气压力之差。

动压是气体所具有的动能，是使气体流动的压力，它与管道气体流速的平方成正比。由于动压仅作用于气体流动方向，动压恒为正值。静压和动压的代数和称为全压。

全压是气体在管道中流动时具有的总能量，全压和静压一样为相对压力，有正负之分。通常在风机前吸入式管道中，静压为负，动压为正，全压可能为负，也可能为正。在风机后压入式管道中，静压和动压都为正。在烟道系统中，风机后大都串连烟气温度较高的烟囱，在热压作用下，烟囱也产生了很大的抽力，在这种情况下，风机后至烟囱某一断面之间的烟道，静压也多为负值，全压可能为正，也可能为负。

烟气压力的测量一般由皮托管流速测量仪的差压变送器给出，也可单独配套压力变送器测量。压力变送器多采用不锈钢隔离膜片敏感组件，将固态集成工艺与隔离膜片技术结合在一起，可在恶劣条件下工作。

5.5　烟气湿度

大多应用在发电厂的 CEMS 系统，烟气水分测量需面对高温、高粉尘、高水分、负压及腐蚀性等问题。在这种条件下，烟气水分测量应满足如下要求：达到必要准确度；有较快的反应速度；易安装、易校准；防尘、防溅、防腐等防护要求；有较高的自动化程度，较少的维护工作量。

5.5.1　红外吸收法

红外吸收法利用水对特定波长的红外光产生强烈吸收的原理。红外辐射穿过被测气体时其辐射能被水气所吸收，含水量不同，对光的吸收程度不同，通过测量反射光的能量，可计算出被测气体中的含水量。

红外吸收法一般常见于固体物料中含水量的非接触式在线测量，如烟草、木材和纸张中的含水量。

用于烟气水分测量，需要避开 $CO_2/SO_2/NO_x$ 敏感波长的干扰，存在一定困难，仪器的结构复杂、价格昂贵，目前很少应用在烟气水分的测量。

5.5.2　氧传感器连续测定方法

5.5.2.1　计算公式

由 CEMS 系统配置的氧传感器测定烟气除湿前、后氧含量计算烟气中水分时，烟气湿度按照下式计算

$$X_{SW} = 1 - X'_{O_2}/X_{O_2} \tag{5-12}$$

式中，X'_{O_2} 为湿烟气中氧的体积百分数，%；X_{O_2} 为干烟气中氧的体积百分数，%

5.5.2.2　常见问题

干湿氧计算烟气湿度主要存在以下问题。

（1）测点不一　测量湿氧所安装的氧化锆位置，与干氧采样器所处的位置一般存在一定距离，导致干基氧和湿基氧的测点不一致，由此带来测量误差。

（2）误差叠加　忽略 O_2 在水蒸气中的溶解，干基氧一般在抽取式 CEMS 系统内通过采样和预处理系统脱水后，采用电化学原理或顺磁原理测量，而湿基氧，一般通过在附近的测点安装一台氧化锆原理的仪器直接测量。两台独立的仪表本身会存在测量飘移，计算时会产生误差叠加。

5.5.3　阻容法湿度传感器

电容型聚合物薄膜测湿传感器及电阻型测温传感器，测湿传感器测量被测气体中的水分子，从而测出湿度；测温传感器测量测湿传感器的表面温度。

电容器两极间的介质中含有水分时，改变介质的介电常数值，从而导致电容量的变化，该变化与介质的含水量有线性关系，电容信号与传感器吸收的水分子数量有关，PT100 温度传感器利用温度变化与电阻值变化之间的关系，测量传感器周围的温度，并且可以在传感器自动校准周期内提供加热的热源。

6 烟气数据采集及数据处理

烟气数据采集与控制系统（以下简称：数据采集系统）作为烟气排放连续自动监测系统的核心，运行在 CEMS 的监测现场，负责采集现场的各种污染物监测数据、仪器工作状态，并将监测数据整理储存，通过某种通讯手段，将数据传输到环保监控管理部门。

6.1 功能需求

数据采集系统应具有如下功能：

① 连续 24 小时自动采集保存烟气监测数据，来电自启动恢复；

② 实时监控系统的工作状态，如停电记录，故障诊断和自动报警，并将记录存储；

③ 操作运行日志记录，方便维护和管理；

④ 可通过宽带、无线、有线方式与环保监理部门软件平台通讯，实现远程数据传输和遥控监测；

⑤ 应具有数据显示、处理、输出、报表等功能。

6.2 数据采集和保存

CEMS 上电运行后，由仪器数据的采集和控制功能协调整个系统的时序，记录测定数据和仪器运行状态，并将各种数据真实的记录下来。根据状态数据诊断仪器运行状态并在测定数据中给出状态标记，标记跟随数据一起被记录到存储设备中（"P"表示电源故障；"F"表示排放源停运；"C"表示校准；"M"表示维护；"O"表示超排放标准；"Md"表示缺失数据；"T"表示超测定上限；"D"表示仪器故障……）。当仪器运行不正常时发出报警信息。当 1 h 监测数据滑动平均值（每 15min 滑动一次）超过排放标准时，仪器发出超标报警信息。仪器能够至少每 10s 获得一个累积平均值，能显示和打印 1min、15min 的测试数据，生成小时（至少 45min 的有效数据）、日（至少 18h 的有效数据）、月（至少 22d 的有效数据）报表，报表中给出最大值、最小值、平均值、参加统计的样本数。

数据采集与控制系统应可记录 1 年以上的分钟历史均值。数据采集与控制系统应能显示现场仪器的工作状态、记录和显示监测的原始数据（带各种工作状态标记）、记录和显示标况下烟气的污染物浓度、记录和显示烟气的折算浓度等。

6.2.1　数据有效性的判别

（1）有效数据

指符合 HJ/T 76—2007 标准的技术指标要求，经验收合格的 CEMS，在固定污染源排放烟气条件下，正常运行所测得的数据。在有效数据基础上，定义了有效小时均值指不少于 45min 有效数据的整点平均值。沿用不少于 75％有效时间的概念，定义了有效日均值、有效月均值分别为：18 小时、22 日有效时段均值的平均值。

（2）维护数据

维护数据是仪器在非正常状态下运行时所监测到的，如校准、吹扫、仪器故障、仪器预热等时段监测所得到数据。该数据只作为判断污染源及仪器的工作状态，不能作为计算污染源排放浓度的依据。

（3）参考数据

是指在仪器正常运行状态下，实际监测时间少于有效数据监测时间，即少于 75％有效时间的数据称之为参考数据，参考数据在经过环保部门同意的情况下，可以作为有效数据参与计算污染源排放浓度。

6.2.2　数据安全的管理

数据采集系统应具有安全管理功能，具有二级操作管理权限。

（1）系统管理员

可以进行所有的系统设置工作，如：设定操作人员密码、操作级别，设定系统的设备配置。

（2）一般操作人员

只进行日常例行维护和操作，不能更改系统的设置。

操作人员需输入登录工号和密码后，才能进入控制界面，系统对所有的控制操作均自动记录并入库保存。系统退出时，必须输入相应的密码。此外，受外界强干扰或偶然意外或掉电后又上电等情况发生时，造成程序中断，系统也能实现自动启动，自动恢复运行状态并记录出现故障时的时间和恢复运行时的时间。

6.3　标况污染物浓度的计算

6.3.1　稀释法气态污染物标况浓度计算

采用稀释采样法烟气监测系统测定气态污染物时，按式(6-1)、式(6-2)、式(6-3)

换算成干烟气中污染物浓度。

分析仪输出浓度到 CEMS 浓度的计算

$$C_w = r \times C_i \tag{6-1}$$

式中　　C_i——分析仪输出的标准状态下浓度值;

　　　　C_w——CEMS 测得的湿烟气中被测污染物浓度值,mg/m^3。

稀释样气未除湿:

$$C_d = C_w/(1 - X_{sw}) \tag{6-2}$$

式中　　C_d——干烟气中被测污染物浓度值,mg/m^3。

稀释样气被除湿:

$$C_d = C_{md}(1 - X_{us}/r)/(1 - X_{sw}) \tag{6-3}$$

式中　　C_{md}——CEMS 测得的干样气中被测污染物的浓度,mg/m^3;

　　　　r——稀释比。

另外,为得到气态污染物 CEMS 与参比方法数据的一致性,可按式(6-4)进行修正:

$$C' = bx + a \tag{6-4}$$

式中　　C'——标准状态下干烟气中气态污染物浓度,mg/m^3;

　　　　x——CEMS 显示的物理量;

　　　　b——回归方程斜率;

　　　　a——回归方程截距,mg/m^3。

当气态污染物 CEMS 符合相对准确度要求时,$C' = x$。

当气态污染物显示浓度单位为 ppm 时,SO_2、NO 和 NO_2 换算为标准状态下 mg/m^3 的换算系数:

SO_2:$1ppm = 64/22.4 mg/m^3$

NO:$1ppm = 30/22.4 mg/m^3$

NO_2:$1ppm = 46/22.4 mg/m^3$

6.3.2　直抽法气态污染物标况浓度计算

采用直接采样法烟气监测系统测定气态污染物时,按式(6-5)换算成干烟气中污染物浓度:

$$C_z = C_n/(1 - X_{sw}) \tag{6-5}$$

式中　　C_z——干烟气中被测污染物浓度值,mg/m^3;

　　　　C_n——CEMS 测得的除湿后湿烟气中被测污染物浓度值,mg/m^3。

由于直接抽取法的烟气是经过制冷后测定的,因此水分的含量 X_{sw} 很低,一般在 1%(体积分数)左右。

6.3.3 氧含量、颗粒物在标况下浓度计算

对于采用直接抽取法烟气监测系统，经过制冷除湿后监测氧量的情况，按式（6-5）进行计算。对于安装在烟道上的氧量分析仪，按式（6-6）计算标况下浓度：

$$B_K = \frac{S_C \times 273 \times (P_a + P_b)}{(273 + W_d) \times 101325 \times (1 - X_{sw})} \tag{6-6}$$

式中 B_K——标况下该参数含量（氧量或烟尘）；

       S_C——实时监测是烟气中该参数含量（氧量或烟尘）；

       W_d——烟气温度；

       P_a——当地大气压；

       P_b——烟气静压。

另外，为得到颗粒物 CEMS 与参比方法数据的一致性，可按式（6-7）进行修正：

$$C' = bx + a \tag{6-7}$$

式中 C'——标准状态下干烟气中颗粒物污染物浓度，mg/m^3；

       x——CEMS 显示的物理量；

       b——回归方程斜率；

       a——回归方程截距，mg/m^3。

当颗粒物 CEMS 符合相对准确度要求时，$C' = x$。

6.3.4 氮氧化物浓度的测定与计算

（1）对于抽取采样法（含稀释法和完全抽取法），如果分析仪中已经内置了 NO_2 转换器，此时，NO_x 浓度值即为烟气中 NO 和 NO_2 浓度的之和。按下式计算：

$$NO_x(mg/m^3) = NO_x(ppm) \times 2.054$$

（2）如果分析仪中没有内置 NO_2 转换器，则 NO_x 浓度输出即烟气中 NO 浓度。此时，需要用换算系数将 NO 浓度值修正为 NO_x（设定换算系数的依据是 NO_2 含量一般不超过 NO 含量 5%）：

① 未采取脱硫措施的燃煤、燃油、燃气电站锅炉排放氮氧化物含量计算：

$$NO_x = NO(mg/m^3) \times 1.53(NO_2 \text{ 分子量与 NO 分子量之比}) \div 0.95$$

② 采取脱硫措施的燃煤、燃油锅炉排放氮氧化物含量计算：

$$NO_x = NO(mg/m^3) \times 1.53$$

③ 采取干法除尘的其他燃煤、燃油锅炉或燃气锅炉排放氮氧化物计算：

$$NO_x = NO(mg/m^3) \times 1.53 \div 0.95$$

6.3.5 标况烟气流速、流量的计算

（1）皮托管法、热平衡法、超声波法（测速仪安装在矩形烟道或管道）、靶式流

量计法按式(6-8)计算烟道或管道断面平均流速：

$$\overline{V}_s = K_v \times \overline{V}_p \tag{6-8}$$

式中　K_v——速度场系数；

　　　$\overline{V}_p$——测定断面某一固定点或测定线上的湿排气平均流速，m/s；

　　　$\overline{V}_s$——测定断面的湿排气平均流速，m/s。

（2）超声波测速法（测速仪安装在圆形烟道或管道）按式（6-9）计算烟道或管道断面平均流速：

$$\overline{V}_s = \frac{l}{2\cos\alpha}\left(\frac{1}{t_A} - \frac{1}{t_B}\right) \tag{6-9}$$

式中　l——安装在烟道或管道上两侧 A（接收/发射器）与 B（接收/发射器）间的距离（扣除烟道壁厚），m；

　　　α——烟道或管道中心线与 AB 间的距离 l 的夹角；

　　　t_A——声脉冲从 A 传到 B 的时间（顺气流方向），s；

　　　t_B——声脉冲从 B 传到 A 的时间（逆气流方向），s。

（3）烟气流量的计算

工况下的湿烟气流量 Q_s 按式(6-10)计算：

$$Q_s = 3600 \times F \times \overline{V}_s \tag{6-10}$$

式中　Q_s——工况下湿烟气流量，m³/h；

　　　F——测定断面的面积，m²。

（4）标准状态下干烟气流量 Q_{sn} 按式(6-11)计算：

$$Q_{sn} = Q_s \times \frac{273}{273+t_s} \times \frac{B_a+P_s}{101325} \times (1-X_{sw}) \tag{6-11}$$

式中　Q_{sn}——标准状态下干烟气流量，m³/h；

　　　B_a——大气压力，Pa；

　　　P_s——烟气静压，Pa；

　　　t_s——烟气温度，℃；

　　　X_{sw}——烟气中水分含量体积百分比，%。

6.4　污染物折算浓度及排放率的计算

（1）颗粒物或气态污染物折算排放浓度按式(6-12)计算：

$$C = C' \times \frac{\alpha}{\alpha_s} \tag{6-12}$$

式中　C——折算成过量空气系数为 α 时的颗粒物或气态污染物排放浓度，mg/m³；

　　　C'——标准状态下干烟气中气态污染物浓度，mg/m³；

α——在测点实测的过量空气系数；

α_s——有关排放标准中规定的过量空气系数。

（2）过量空气系数按式（6-13）计算：

$$\alpha = \frac{21}{21 - X_{O_2}} \tag{6-13}$$

式中 X_{O_2}——烟气中氧的体积百分数。

（3）颗粒物或气态污染物排放率按式（6-14）计算：

$$G = c' \times Q_{sn} \times 10^{-6} \tag{6-14}$$

式中 G——颗粒物或气态污染物排放率，kg/h；

Q_{sn}——标准状态下干排烟气量，m^3/h。

（4）污染物排放总量计算

$$G_d = \sum_{i=1}^{24} G_{h_i} \times 10^{-6}$$

$$G_m = \sum_{i=1}^{31} G_{md_i} \times 10^{-6}$$

$$G_y = \sum_{i=1}^{365} G_{yd_i} \times 10^{-6}$$

式中 G_d——烟尘或气态污染物日排放量，t/d；

G_{h_i}——该天中第 i 小时烟尘或气态污染物排放量，kg/h；

G_m——烟尘或气态污染物月排放量，t/m；

G_{md_i}——该月中第 i 天烟尘或气态污染物排放量，t/d；

G_y——烟尘或气态污染物年排放量，t/a；

G_{yd_i}——该年中第 i 天烟尘或气态污染物排放量，t/d。

6.5 数据的传输

（1）电话拨号

电话拨号通讯方式是目前使用比较广泛也是比较多的一种远程监控通讯方式。它是利用现有的有线电话网络，利用调制解调器（MODEM）作为工具，分别在中心站和子站安装电话线路和 MODEM，通过软件拨号程序，在中心站和子站间建立载波通讯，实现烟气监测数据的远程传输。这种通讯方式安装简便，建设费用低，只需要普通的电话线路就可以，通讯费用适中。缺点是通讯速率一般，在不易安装电话线的地点实现起来困难。

（2）卫星网络

在中心站和子站处分别安装卫星通讯设备，利用卫星中转，建立子站和中心站的无线通讯网络。这种通讯方式初期建设费用高，通讯费用也比较高，但是可靠性高，安全保密性好，通讯速率稳定，无地域限制。适宜建设长期烟气监测网络、安全保密要求高的情况，且不易安装有线通讯网络的子站现场。

（3）GSM 网络

主要是利用 GSM 网络的短消息通讯功能，依托目前的中国移动和中国联通 GSM 网络，在中心站和子站分别安装 GSM MODEM，通过发送短消息实现烟气监测数据的传输。该通讯方式安装方便，配置灵活，无地域限制，适合在野外安装，通讯费用低廉，但是该通讯方式数据传输量有限。

（4）GPRS 网络

依托中国移动的 GPRS 网络，CEMS 现场数据采集系统和环保监控平台都安装 GPRS 数据终端，内装具有专属 APN 的 SIM 卡，采用移动网内固定 IP，建立仿真串口连接通道，中心站软件和采集仪监控程序都选择"串口连接"通讯方式，设置好 GPRS 模块后，实现远程通讯。该通讯方式安装方便，基本无地域限制，适合在野外安装，通讯费用不高，实时性好，可满足要求无线且传输数据量大的需求，中心站端需要建立"数据中心"。

（5）宽带方式

在现有 Internet 网络的基础上，通过网卡实现监测子站与中心站的通讯，此时，子站和中心站同属于一个网络中，可实现数据库的实时共享和数据传输。其特点是实时性好，稳定性高，通讯简单方便。

7 颗粒物标准分析方法

7.1 烟尘的测定原理与采样方式

7.1.1 烟尘的测定原理

烟尘的测定原理是利用烟尘采样器中的抽气泵，使烟道中的含尘排气定量地流入采样管滤筒，其尘粒被滤筒捕集下来，排气再经过冷凝，干燥计量。通过对滤筒的称重和抽取的排气量，求出排气中单位体积排气的含尘量。

根据 GB/T 16157—1996 标准的规定，烟尘测定采用过滤称重法，即用采样管从烟道中抽取一定量的含尘烟气，通过滤筒将烟尘捕集下来，然后根据捕集的烟尘量和抽取的烟气量，求出烟尘浓度。根据烟尘浓度和烟气的流量计算烟尘排放量。这种测定方法的准确性取决于从烟道中抽取的那部分烟气样品能否代表烟道中整个断面烟尘分布状况，这就要求采样点处烟道断面的气流和烟尘浓度得到分布应当是相当均匀或有较确定的规律性。因此，必须按照 GB/T 16157—1996 有关规定选择采样位置和确定采样点的数目。

此外，烟尘样品应在等速条件下采取，使用预测流速法采样，需预先测出采样点的气流速度、温度、压力和含湿量，结合采样嘴直径计算出等速采样流量，然后用这个流量采样。使用平衡型等速采样管采样，则可通过调节压力实现等速采样。但是，为了计算烟尘排放量，仍然需要测定烟气的温度、压力、含湿量、气体的流速和流量。

7.1.2 烟尘的采集方式

根据烟尘采样必须等速的原则，即含尘排气进入采样嘴的抽气流速必须和烟道内该点排气的速度相等。烟尘采样方式分为预测流速法、平行采样法和等速管采样法三种。

预测流速等速采样法是在采样前先测出采样点处排气的流速及温度、湿度、压力等有关气体状态参数，根据测得的排气流速和状态参数算出各采样点所需的采样流量，然后进行等速采样。为了准确地计算采样量，预测流速法等速采样一般都准备一套不同内径的采样嘴，采用的采样嘴内径为 6mm、7mm、8mm、9mm、10mm 等几种。根据流体连续方程原理，采样管内空气流量应等于采样嘴进口断面的流量，即：

$$\frac{\pi d_0^2}{4} \times v_0 = \frac{\pi d^2}{4} \times v \tag{7-1}$$

式中　　d_0——采样管内径，mm；

　　　　d——采样嘴进口内径，mm；

　　　　v_0——采样管内气流速度，m/s；

　　　　v——采样嘴进口断面上气体速度，m/s。

平行采样法是在采样过程中，测定排气的流速和烟尘采样同时进行。其方法是将 S 型皮托管和采样管固定在一起，同时插入烟道采样点处，当与 S 型皮托管连接的微压计指示动压时，先用预绘制的皮托管动压和等速采样流量关系曲线，及时算出采样流量并进行采样。平行采样法的流量计算与预测流速相同。

等速管采样法分为动压平衡和静压平衡两种方式，它不需要预先测出气体流速和气态参数来计算等速采样流量，只需通过调节压力即可进行等速采样。动压平衡等速采样法是利用采样管上装置的孔板差压与皮托管的采样点气体动压相平衡来实现等速采样。静压平衡等速采样法是利用采样嘴内外静压相平衡来实现等速采样。

预测流速法操作过程复杂，计算繁琐，所需时间长，在烟道流速变化时，还需重新计算，调整采样流量，特别是在烟道流速波动大的情况下，采样精度无法保证。它仅适用于排气流速比较稳定的固定污染源监测。平行采样法不需要预先测定流速，可以在采样的同时跟踪排气流速的变化，调整采样流量，操作简便，采样精度较预测流速法高。等速管采样法其采样精度较高操作简便，但是，当烟尘浓度较大时，测孔易堵塞，在 3m/s 以下低流速使用时，误差较大。

7.2　烟尘的采样系统与仪器

7.2.1　预测流速法烟尘采样系统

预测流速法烟尘采样系统由采样嘴、滤筒、采样管、冷凝器、干燥器、温度计、压力计、转子流量计、累计流量计和抽气泵组成。其采样系统装置见图 7-1。预测流速法采样管分为玻璃纤维滤筒和刚玉滤筒采样管两种。玻璃纤维滤筒采样管由采样嘴、滤筒夹、滤筒和连接管构成，其结构见图 7-2。采样嘴的结构与外形应以不扰动吸气口内外气流为原则，采样嘴入口角度应小于 45°的锐角，其与采样管连接一端的内径应与连接管内径相吻合，不得有急剧的断面变化和弯曲，入口边缘的厚度应小于 0.2mm，入口孔径偏差应小于 0.1mm，最小采样嘴应大于 5mm。为了保证固定污染

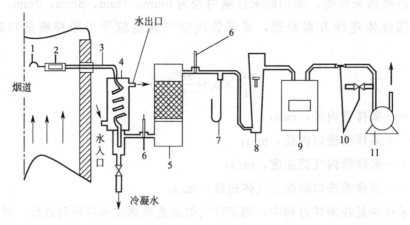

图 7-1　预测流速法采样系统结构

1—采样嘴；2—滤筒；3—采样管；4—冷凝器；5—干燥器；6—温度计；
7—压力计；8—转子流量计；9—累计流量计；10—螺旋夹；11—抽气泵

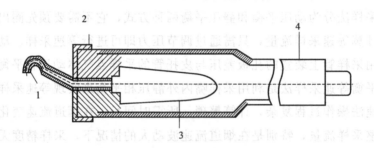

图 7-2　玻璃纤维滤筒采样管结构图

1—采样嘴；2—滤筒夹；3—滤筒；4—连接管

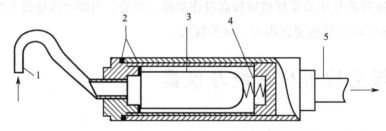

图 7-3　刚玉滤筒采样管结构图

1—采样嘴；2—密封垫；3—刚玉滤筒；4—耐温弹簧；5—连接管

源烟道各种流速的采样需要，采样嘴径应配备 6mm、8mm、10mm、12mm 等几种。滤筒由顶部装入滤筒夹，并依赖入口处两个锥度相同的圆锥固定，在滤筒夹中还有一个外形与滤筒一样但比滤筒稍大的多孔不锈钢网，用来承托滤筒，防止滤筒被水气浸湿或黏附大量微小尘粒阻力骤增时，发生破裂。刚玉滤筒采样管与玻璃纤维滤筒采样管的区别在于滤筒夹的结构不同，如图 7-3 所示。刚玉滤筒从滤筒夹底部插入，用支架底部的耐温弹簧及螺母顶紧，滤筒口部与滤筒夹和滤筒夹与外套管连接处均用石棉垫圈密封。无论是玻璃纤维滤筒采样管或是刚玉滤筒采样管，其材质与焊接均须用不锈钢制造。预测流速法冷凝器用于收集因温差可能在采样管形成的冷凝水，干燥器内装硅胶以干燥气体，使气体呈干燥状态；温度计和压力计用来测定转子流量计前的温度和压力，将测量状态下采气体积换算为标准状态下的采样体积。采样泵一般选择刮板抽气泵，流量在 60L/min 以上，以克服管道负压和测量管线各部分阻力。

7.2.2　静压平衡型等速采样系统

静压平衡型等速采样系统与动压平衡型采样系统基本相同，不同之处主要在于采样管的区别，静压平衡等速采样系统是利用采样管管嘴内外静压相等且速度相等的原理，采样管由采样嘴、滤筒夹和连接管三部分组成，其结构是在采样嘴靠近管嘴的内外壁上开有测量管嘴内外静压的小孔或窄缝。采样时，调节采样流量使采样嘴内静压等于嘴外静压，即使采样速度等于采样点处气体流速。

7.2.3　动压平衡型等速采样系统

动压平衡型等速采样系统由采样管、双联倾斜微压计、转子流量计、累计流量计、压力计、温度计、干燥器、冷凝器和抽气泵组成。其采样系统装置见图 7-4。其原理是利用在采样管上孔板的差压与采样管平行放置的皮托管指示气体动压相平衡来实现等速采样。动压平衡等速采样管是由滤筒采样管和 S 型皮托管构成，除装在滤筒夹后的孔板外，其他均与通用的滤筒采样管和 S 型皮托管形同，皮托管在采样系统中用来指示采样点的气体动压，孔板则用来控制等速采样流量，采样嘴径一般为6mm 和 8mm。双联倾斜微压计用来指示皮托管的动压和孔板的差压，它由 2 个可调角度的倾斜微压计并联而成。其他部分的结构和作用均可同预测流速法采样系统。

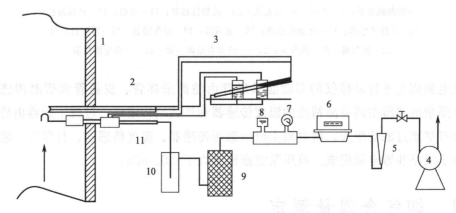

图 7-4　动压平衡等速采样系统

1—烟道；2—皮托管；3—双联倾斜微压计；4—抽气泵；5—转子流量计；
6—累计流量计；7—压力计；8—温度计；9—干燥器；10—冷凝水分离器；11—采样管

7.2.4　微电脑烟尘平行采样系统

微电脑烟尘平行采样仪根据固定污染源烟尘监测皮托管平行采样自动等速跟踪原理而制成，其采样系统由多功能采样管、过滤干燥器、微电脑主机、含湿量传感器和负压泵组成。采样系统见图7-5。其采样原理是利用皮托管平行采样自动等速跟踪方法，用高精度微压传感器和温度传感器分别测得排气动压、静压、排气温度、含湿量等有关参数，并据此设定最佳流量及采样嘴直径，仪器自动计算排气流速和等速采样流量，微电脑通过调节阀调节采样流量，使实际流量和计算采样流量相等以达到烟尘自动等速采样。

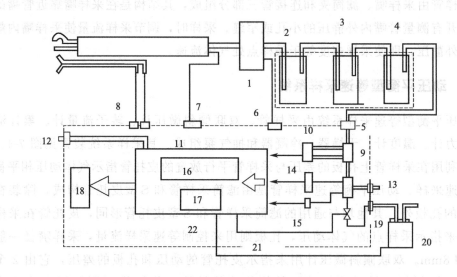

图 7-5　微电脑烟尘平行采样系统

1—含湿量传感器；2—吸收瓶；3—硅胶瓶；4—干燥箱；5—进气嘴；6—含湿量输入；

7—烟温热电偶；8—动压；9—压差孔；10—流量传感器；11—主机；13—计压测孔；

14—计压传感器；15—计温传感器；16—显示屏；17—操作键盘；18—微型打印机；

19—抽气嘴；20—抽气泵；21——流量自动调节阀；22——泵电源控制

微电脑烟尘平行采样仪的多功能采样管由滤筒采样管、皮托管和烟温传感器组成。含湿量传感器由两只高精度的温度传感器和机械结构组成，过滤干燥器由硅胶干燥器和双氧水过滤器组成。微电脑主机由微压传感器、温度传感器、打印机、输入键盘、电子线路和微电脑组成。负压泵空载流量大于 60L/min。

7.3　烟气含湿量测定

烟气含湿量是指烟气中水蒸气的含量，通常用 1kg 干空气中含有的水蒸气量（g_{sw}）或湿空气中水蒸气含量的体积分数（X_{sw}）表示。在污染源烟尘监测中含湿量通常用水蒸气含量体积分数表示，测定方法有重量法、冷凝法和干湿球法。由于重量法操作比较繁琐，大都采用冷凝法和干湿球法。

7.3.1 冷凝法

7.3.1.1 原理

从烟道中抽取一定体积的烟气，使之通过冷凝器，根据冷凝出来的水量，加上从冷凝器排出的饱和气体含有的水蒸气量，计算烟气中的水分含量。

7.3.1.2 测定装置

测定装置如图 7-6 所示，由烟尘采样器、冷凝器、干燥器、温度计、真空压力表、转子流量计和抽气泵等组成。除冷凝器外，所有的部件结构与技术要求均与烟尘采样装置相同。冷凝器由不锈钢制成（图 7-7）。用以冷凝分离采样管，连接导管和冷凝器中冷凝出来的水。冷凝管可用 $\phi10\text{mm} \times 1\text{mm}$ 不锈钢管，有效长度应不少于 1500mm，存冷凝水的容器的有效容积应不小于 100mL。排放冷凝水的开关应严密不漏气。装在冷凝器出口处的温度计，可用水银温度计、热电偶温度计或电阻温度计，其精密度应不低于 2.5%。

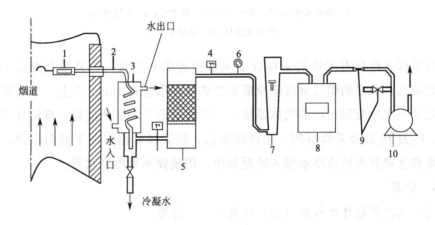

图 7-6　普通型采样管烟尘采样装置
1—滤筒；2—采样管；3—冷凝器；4—温度计；5—干燥器；6—真空压力表；
7—转子流量计；8—累计流量计；9—调节阀；10—抽气泵

7.3.1.3 测定

将仪器按图 7-7 所示连接，检查系统是否漏气，如发现漏气，应分段堵漏，直到不漏为止。检查漏气的方法是堵严采样管滤筒夹进口，打开抽气泵抽气，调节抽气泵进口的调节阀，使系统中的压力表负压指示为 6.7kPa，关闭连接抽气泵的皮管，任意 0.5min 内，如负压表指示值下降不超过 0.2kPa，则视为不漏气。

将冷凝器装满冷却水。为了加强冷凝效果，最好装入冰水。在冬季气温低的情况下，也可以用采样管至冷凝器之间的连接管来冷凝烟气中的水分。

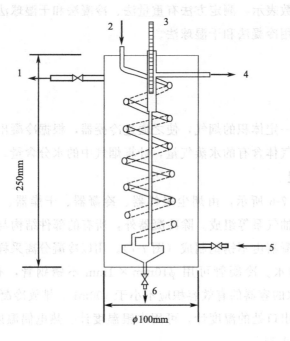

图 7-7 冷凝器

1—冷却水出口；2—排气入口；3—温度计；4—排气出口；

5—冷却水进口；6—冷凝水出口

打开采样孔将装有滤筒的采样管插入烟道近中心位置，打开抽气泵以 25L/min 左右流量抽气。抽取的烟气量应使冷凝器中的冷却水量在 10mL 以上。采样期间每隔数分钟记录一次冷凝器出口的气体温度 t_r，同时记录下流量计读数，流量计前的气体温度 t_r，压力 P_r 以及采样时间。采样结束后，将采样管出口向下倾斜取出，将冷凝在采样管和连接管内的冷凝水倾入冷凝器中，用量筒测量冷凝水量。

7.3.1.4 计算

烟气中水汽含量体积分数（%）按式(7-2)计算：

$$X_{sw} = \frac{1.24G_w + V_s \dfrac{P_v}{B_a + P_r} \times \dfrac{273}{273 + t_r} \times \dfrac{B_a + P_r}{101325}}{1.24G_w + V_s \times \dfrac{273}{273 + t_r} \times \dfrac{B_a + P_r}{101325}} \times 100\% \tag{7-2}$$

$$= \frac{461.8(273 + t_r)G_w + P_v V_a}{461.8(273 + t_r)G_w + (B_a + P_r)V_a} \times 100\%$$

式中 X_{sw}——排气中的水分含量体积分数，%；

B_a——大气压力，Pa；

G_w——冷凝器中的冷凝水量，g；

P_r——流量计前气体压力，Pa；

P_v——冷凝出口处饱和水蒸气压力，（可根据冷凝器出口气体温度 t_v 从空气饱和时水蒸气压力表中查得），Pa；

t_r——流量计前气体温度，℃；

V_a——测量状态下抽取烟气的体积（$V_a \approx Q'_r \times t$），L。

必须指出，上式中采气体积 V_a 为测量状态下的实际流量，当用转子流量计测量采样体积时，应将转子流量计的读数修正到测量状态下的实际流量，然后乘以采样时间方为测量状态下的采气体积。在实际测定中，由于对含湿量计算产生的误差很小，可以忽略不计，为了简化计算，也可以不修正，直接用转子流量计读数代入式中计算。

7.3.1.5 特点

冷凝法由于测定仪器与烟尘采样系统相结合，只需增加一个冷凝器，减少了所用仪器，操作亦很简便，只要按要求进行，测试结果不会产生大的偏差，且不受烟气温度的限制。缺点是在测定小型工业锅炉时，由于烟气含湿量较低，约为 3% 左右，不用冰水往往冷凝不出水来，必须在冷凝器中注入冰水，才能取得预期的冷凝效果。

7.3.2 干湿球法

7.3.2.1 原理

使烟气以一定速度通过干、湿球温度计，根据干、湿球温度计读数和测点处烟气绝对压力来确定烟气中水蒸气的含量。

干湿球温度计通常由两支相同的水银温度计组成，也可以使用热电偶或电阻温度计。其中一支保持干燥状态，称为干球温度计。所测出的温度为气体的干球温度。另一支为湿球温度计，湿包上裹有浸水的纱布，并用一供水器经常保持纱布处于湿润状态（图 7-8），测出的气体温度为湿球温度。湿球温度是纱布中的水与周围空气进行热湿交换最终达到稳定状态的温度。湿球温度计因纱布中的水分逐渐蒸发而吸收空气中的热量，因此表示出的温度总是低于干球温度计的温度，空气越干燥，纱布中的水分蒸发越快，需要的气化热越多，则湿球温度越低，反之空气越潮湿，纱布中的水分蒸发越慢，当空气处于饱和状态时，纱布中的水分不能蒸发，此时湿球温度与干球温度相等。因此，根据干湿球温度计的温度差值，就可以计算烟气的湿度。

7.3.2.2 测定装置和测定方法

测定装置由采样管、干湿球温度计和抽气泵组成。采样管要加热保温，以防止烟气在到达干湿球前冷凝。包裹湿球的纱布要用吸水性能好的纱布，测定前要检查纱布是否扎紧、平整，供水是否良好。然后，将采样装置按图接好，插入靠近烟道中心位置，以 2.5m/s 流速抽气，待湿球稳定不变后读数。

干湿球温度计使用温度在 100℃以下，但烟气温度高于 100℃时，可适当延长采样管的长度，使烟气到达温度计前冷却至适宜的测定温度，务必注意防止冷凝。由于干湿球温度计受使用温度限制而受到一定限制。

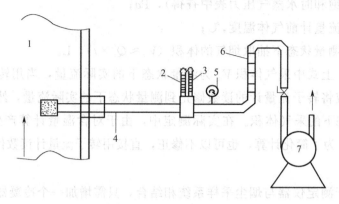

图 7-8　干湿球法测定烟气中水分含湿量装置

1—烟道；2—干球温度计；3—湿球温度计；4—保温采样管；

5—真空压力表；6—转子流量计；7—抽气泵

湿球温度计的读数受空气流速的影响较大，流速越小，误差越大。因此，当测定烟气含湿量时，通过湿球表面的气体流速应在 2.5m/s 以上。

7.3.2.3　计算

烟气中水汽含量百分数按式(7-3)计算：

$$X_{sw}=\frac{P_{bv}-0.00067(t_c-t_b)(B_a+P_b)}{B_a+P_s}\times100\% \tag{7-3}$$

式中　P_{bv}——温度为 t_b 时的饱和水蒸气压力，Pa；

t_c——干球温度，℃；

t_b——湿球温度，℃；

P_b——通过湿球表面时的指示压力，Pa；

B_a——大气压力，Pa；

P_s——测定点处烟气静压，Pa；

0.00067——系数，其值决定于通过湿球温度计球部的空气流速。当流速高于 2.54m/s 时，此值接近于一个常数，等于 0.00067。

7.4　烟尘平行采样仪的使用

7.4.1　测定原理及特点

微电脑平行等速采样测定烟尘的原理是利用高精度微压传感器分别测得排气的动压、静压、排气温度、含湿量等有关参数，设定最佳流量，选择采样嘴直径。仪器自动计算排气流速和等速采样流量，微电脑控制调节阀调节采样流量，使实际流量与计算的采样流量相等，从而实现烟尘自动等速采样。

7.4.2 采样前的准备

（1）滤筒处理和称重

用铅笔将滤筒编号，在 105～110℃烘箱内烘烤 1h，取出放入干燥器中冷却至室温，用万分之一天平称重。两次重量之差应不超过 0.5mg。当滤筒在 400℃以上高温烟气中采样时，为了减少滤筒本身减重，预先在 400℃高温炉中烘烤 1h，然后放入干燥器中冷却至室温，称重至恒重，放入专用盒中保存。

（2）过滤器的准备

① 通过漏斗，倒入 3%的过氧化氢至双氧水过滤器液位刻度指示线处即可；

② 将具有充分干燥能力的变色硅胶装入至硅胶干燥器的 3/4 刻度线处，旋紧瓶盖，不得漏气。

（3）连接仪器气路

取两段较短、内径为 ϕ10mm 左右的排气导管，将主机面板抽气嘴、干燥器与洗涤瓶串联（干燥器的进气口与洗涤瓶的出口相连，然后干燥器的出气口与主机上相应气嘴相连）。用内径 ϕ10mm，长约 5m 的排气导管将烟尘采样管与洗涤瓶进气口相连。

（4）开机检查及参数设置准备

将 220V 交流电接入主机交流插座，并将泵电源接入机，打开仪器电源开关，仪器开始工作，检查打印机是否处于正常状态（指示灯亮为正常）。

（5）修改或输入现场大气压、烟道截面积、采样总时间等。

（6）确定采样点位置

根据被测固定污染源排气装置的形状、断面积大小，确定采样点数和位置，并用耐温胶布或记号笔在采样管上标识符号。

（7）压力传感器置零操作

在设置状态皮托管不接主机，选择压力校零项提示将差压传感器置零。每次开机采样前，均需对差压传感器置零，直到静压、动压显示均为零，以保证采样精度。

（8）含湿量测量操作

把含湿量装置接入采样系统。含湿量进气嘴接采样管抽气端口，含湿量出气嘴接双氧水过滤器进气嘴，含湿量传感器插入主机面板"含湿量"座内，连接好泵的气路和电源。

（9）选择采样嘴直径操作

仪器动压校零后将采样气路接好，用 ϕ8mm 胶管将 S 型皮托管面向气流的端口与采样仪面板"皮托管"＋气嘴连接，用另一根 ϕ8mm 胶管将 S 型皮托管面向气流的端口与采样仪面板"皮托管"－气嘴连接。用 ϕ10mm 的排气导管将采样管与洗涤瓶进气嘴相连，然后将采样管放入烟道，按显示屏显示采样嘴，可用手动修改，当流速基本稳定下来后，计算采样嘴直径。当设定流量改变时，根据平均流速，也重新计算采样嘴直径。

7.4.3　采样步骤

① 连接好仪器各部分气路，记下滤筒编号，将滤筒装入采样管，用滤筒压盖将滤筒进口压紧。换上已选好的采样嘴，将采样管插入烟道，使采样嘴对准气流方向，与气流流动方向的偏差不得大于10°，密封测孔，固定采样管，启动确认键，仪器进于采样状态，此时微机计算流量并自动控制流量调节阀跟踪流量。直至计算流量与采样流量相等，实现等速采样。

② 第一个测点采样完毕后，按预先在采样管上作出的标识符在水平方向平行移动至第二个测点，使采样嘴对准气流方向，仪器自动恢复采样程序。

③ 采样结束时，迅速从烟道中取出采样管，正置后，再关闭抽气泵。用镊子将滤筒取出，轻轻敲打前弯管，并用细毛刷将附着在前弯管内的尘粒刷至滤筒中，将滤筒用纸包好，放入专用盒中保存。每次采样，至少采取三个样品，取平均值。

④ 数据存贮操作及打印。

⑤ 取样及称量：按照操作规范，用镊子将滤筒取出，轻轻敲打管嘴，并用细毛刷将管嘴内的尘粒刷到滤筒，放入盒中保存，并在105℃烘箱内烘烤1h，取出置于干燥器中，冷却至室温。用万分之一天平称量，计算采样前后的滤筒重量之差值，即为采取的烟尘量。

⑥ 仪器操作流程方框图（图7-9）

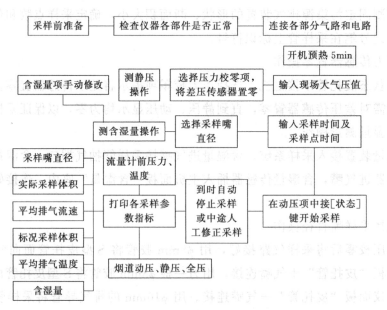

图7-9　仪器操作流程方框图

7.5　烟尘平行采样仪的校准

7.5.1　外观

① 各零部件应齐全并且连续可靠，不应用影响使用的损伤和变形，各旋钮、开关及气路连接正常；

② 采样管应用耐腐蚀不锈钢材料制造，表面应进行抛光处理。

7.5.2　气密性

接通采样仪所有气路系统，将采样嘴严密堵死后启动抽气装置，观察负压表达到 5kPa 左右时，迅速关闭抽气装置之前的阀门，停机记录真空表读数值，在第一分钟之内变化应符合检定方法的气密性要求。

7.5.3　抽气动力

采样仪抽气动力装置流量达到 30L/min 时，气路系统内疏空负压应＞20kPa。

启动采样仪抽气装置，调节流量计读数达到 30L/min，堵死采样嘴入口，观察真空表的最大读数值，应符合检定方法抽气动力要求。

7.5.4　温度测量范围及测量精度试验

① 将采样仪对应的温度传感器与标准温度计的取温点放在一起，并一起放入温箱内。

② 在其温度范围内均匀的选择 4 个检测点，每点的允许偏差±5℃。

③ 按式(7-4)计算温度偏差。

$$\Delta T = T_{仪} - T_{标} \tag{7-4}$$

式中　ΔT——采样仪温度偏差，℃；

$T_{仪}$——采样仪温度示值，℃；

$T_{标}$——标准温度计示值，℃。

7.5.5　热电偶测量范围及测量精度试验

采样仪采用 K 型热电偶，可参照 ZBN11002 的有关试验方法进行，也可按以下方法进行：

① 将采样仪的热电偶传感器的感温头与标准温度计的取温头放在一起，并一起放入油浴内（或温箱内）；

② 在采样仪温度测量范围内均匀地选择 4 个测温点，每点的允许偏离±10℃；

③ 调节电位差计算出的毫伏值至温度检测点对应的毫伏值，以表 7-1 中的检测

表 7-1　标准 K 型热电偶温度、热电动势对照表

温度 /℃	0	1	2	3	4	5	6	7	8	9
	热　电　动　势/mV									
0	−0.000	−0.039	−0.079	−0.118	−0.157	−0.197	−0.236	−0.275	−0.314	−0.353
0	0.000	0.039	0.079	0.119	0.158	0.198	0.238	0.277	0.317	0.357
10	0.397	0.437	0.477	0.517	0.557	0.597	0.637	0.677	0.178	0.758
20	0.798	0.838	0.879	0.919	0.960	1.000	1.041	1.081	1.122	1.162
30	1.203	1.244	1.285	1.325	1.366	1.407	1.448	1.489	1.529	1.570
40	1.611	1.652	1.693	1.734	1.776	1.817	1.858	1.899	1.949	1.981
50	2.022	2.064	2.105	2.146	2.188	2.229	2.270	2.312	2.353	2.394
60	2.436	2.477	2.519	2.560	2.601	2.643	2.684	2.720	2.767	2.809
70	2.850	2.982	2.933	2.975	3.016	3.058	3.100	3.141	3.183	3.224
80	3.266	3.307	3.349	3.390	3.432	3.473	3.515	3.556	3.598	3.636
90	3.681	3.722	3.764	3.805	3.847	3.888	3.930	3.971	4.012	4.051
100	4.095	4.137	4.178	4.219	4.261	4.302	4.334	4.384	4.426	4.467
110	4.508	4.549	4.590	4.632	4.673	4.714	4.755	4.796	4.837	4.878
120	4.919	4.960	5.001	5.042	5.083	5.124	5.164	5.205	5.246	5.287
130	5.327	5.368	5.409	5.450	5.490	5.531	5.571	5.612	5.652	5.693
140	5.733	5.774	5.814	5.885	5.895	5.936	5.976	6.016	6.057	6.097
150	6.137	6.177	6.218	6.258	6.298	6.338	6.378	6.419	6.459	6.499
160	6.539	6.579	6.619	6.659	6.699	6.739	6.779	6.819	6.859	6.89
170	6.939	6.979	7.019	7.059	7.099	7.139	7.179	7.219	7.259	7.299
180	7.388	7.378	7.418	7.458	7.498	7.538	7.578	7.618	7.658	7.697
190	7.737	7.777	7.817	7.857	7.897	7.937	7.977	8.017	8.057	8.097
200	8.137	8.177	8.216	8.256	8.296	8.336	8.376	8.416	8.456	8.497
210	8.537	8.577	8.617	8.657	8.679	8.737	8.777	8.817	8.875	8.898
220	8.938	8.978	9.018	9.058	9.009	9.139	9.179	9.220	9.260	9.300
230	9.341	9.381	9.421	9.462	9.502	9.543	9.583	9.624	9.664	9.705
240	9.745	9.786	9.826	9.867	9.907	9.948	9.989	10.029	10.070	10.111
250	10.151	10.192	10.233	10.274	10.315	10.355	10.396	10.437	10.478	10.519
260	10.560	10.600	10.641	10.682	10.723	10.764	10.805	10.846	10.887	10.928
270	10.969	11.010	11.051	11.093	11.134	11.175	11.216	11.257	11.298	11.399
280	11.381	11.422	11.463	11.504	11.546	11.587	11.628	11.669	11.711	11.762
290	11.793	11.835	11.816	11.918	11.959	12.000	12.042	12.083	12.125	12.166
300	12.207	12.249	12.290	12.332	12.373	12.415	12.456	12.498	12.539	12.581
310	12.623	12.664	12.706	12.747	12.789	12.831	12.872	12.914	12.955	12.997
320	13.039	13.080	13.122	13.164	13.025	13.247	13.289	13.331	13.372	13.414
330	13.456	13.497	13.539	13.581	13.623	13.665	13.706	13.748	13.790	13.832
340	13.874	13.915	13.957	13.999	14.041	14.083	14.125	14.167	14.208	14.250
350	14.292	14.334	14.376	14.418	14.460	14.502	14.511	14.586	14.628	14.670
360	14.712	14.754	14.796	14.838	14.880	14.922	14.964	15.006	15.048	15.090
370	15.132	15.174	15.216	15.258	15.300	15.342	15.384	15.426	15.468	15.510
380	15.552	15.594	15.636	15.679	15.721	15.763	15.805	15.847	15.889	15.931
390	15.974	16.016	16.058	16.100	16.142	16.184	16.227	16.269	16.311	16.353
400	16.395	16.438	16.480	16.522	16.564	16.607	16.649	16.691	16.733	16.776

点温度作为标准温度，按式(7-4)计算温度偏差，其结果应符合检定方法要求。

7.5.6 压力测量范围及测量精度试验

7.5.6.1 流量计前压力和静压测量范围及测量精度试验

① 将标准压力计和压力发生器用导压管相连，将其压力调至 0Pa，再将标准压力的压力输出用导管与采样仪的流量计前压力传感器（或静压传感器）的气嘴相连。

② 调节压力发生器，在其压力范围内均匀地选择 4 个检测点，每点的允许偏离 ±10%。

③ 按式(7-5)计算压力测量精度：

$$X_p = \frac{P_仪 - P_标}{P_{max}} \times 100\% \tag{7-5}$$

式中　X_p——采样仪压力测量精度，%；

　　　$P_仪$——采样仪测量压力示值，Pa；

　　　$P_标$——标准压力测量装置示值，Pa；

　　　P_{max}——采样仪测量压力范围内的上限值，Pa。

7.5.6.2 动压测量范围及测量精度试验

① 将精密微压计及微压发生器压力调至 0Pa，再用导压管与采样仪动压输入气嘴相连。

② 调节微压发生器，在动压测量范围内均匀的选择 4 个检测点，每点的允许偏离 ±5%。

③ 按公式(7-6)计算动压测量精度。

7.5.7 流量测量范围及测量精度试验

① 将流量标准装置或标准流量计按图 7-10 与采样仪相连。

② 调节流量调节阀，在采样仪流量范围内均匀的选择 4 个检测点，每点允许偏离 ±5%。

③ 流量标准装置或标准流量计也按其换算公式，根据温度、压力换算成采样仪流量计所在状态的流量 $Q_标$，按式(7-6)计算流量测量精度。

$$X_a = \frac{Q_仪 - Q_标}{Q_{max}} \times 100\% \tag{7-6}$$

式中　X_a——采样仪流量测量精度，%；

　　　$Q_仪$——采样仪测量流量示值，L/min；

　　　$Q_标$——标准流量测量装置或标准流量计示值，L/min；

　　　Q_{max}——采样仪测量流量范围内的上限值，L/min。

④ 流量标准装置或标准流量计需按其换算公式，根据温度、压力换算成标准状

成精度与标准温度，按公式(7-6)计算温度精度，其结果应符合仪器技术要求。

7.5.6　压力测量范围及误差精度试验

①通常情况下为负压，连接高温及高压气路系统并调节压力。

②将标准压力计和采样仪压力示值接口与高压气源相连。核查压力示值与标准压力计示值（如标准压力计与采样仪读数精度相差，则需进行标准压力计读数精度校核），在压力测量范围内均匀选取5个检定点，每个检定点重复测定3次，按公式(7-6)计算压力精度。

③其结果应符合仪器技术要求。

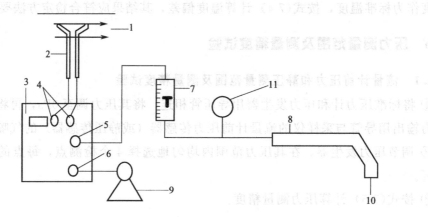

图 7-10　流量测量精度试验气路连接示意

1—烟道；2—采样管；3—采样仪主机；4—皮托管接口；5—进口；6—出口；

7—流量计；8—微压计；9—泵；10—大气压；11—压力计

下的流量 $Q_标$，累计流量测试时间不低于 10min，按下列公式计算累计流量精度：

$$Q_{v标} = \frac{Q_标\ t}{60} \tag{7-7}$$

$$X_{av} = \frac{Q_{v仪} - Q_{v标}}{Q_{v标}} \times 100\% \tag{7-8}$$

式中　$Q_{v标}$——标准流量测量装置或标准流量计示值，L/min；

　　　　t——标准流量装置或标准流量计累计时间，s；

　　　　X_{av}——采样仪累积流量精度，%；

　　　　$Q_{v仪}$——采样仪测量累积采样示值，L；

　　　　$Q_{v标}$——标准流量测量装置累计流量示值，L。

⑤其结果应符合该检定方法技术要求。

7.5.8　测速范围及测速误差和等速吸引范围及等速吸引误差范围试验

在风洞设备试验下；

①接通采样仪气路系统，装上新滤筒，在采样管前接标准流量计，气路系统严密不漏气。将皮托管的测压嘴固定在风洞内，使测压嘴入口方向与风洞轴线平行，偏斜角度不大于±5℃；皮托管外壁与风洞壁相距不小于 150mm。

②调节风洞流速，在采样仪测速或等速跟踪流速范围内均匀地选取 5 个检定点，每点允许偏离±1m/s。

③调节风速至检定点上，待风速稳定后再启动采样仪；待采样仪跟踪调节稳定后，记录采样仪测速示值和标准流量计读数。

④每个检定点连续重复测定 3 次，然后求出采样仪流速示值平均值和标准流量

计读数的平均值。

⑤ 按下式计算测定误差

$$X_v = \frac{\overline{V_{仪}} - V_s}{V_s} \times 100\%$$ (7-9)

式中 X_v——测速误差，%；

$\overline{V_{仪}}$——采样仪流速示值平均值，m/s；

V_s——实际风速，m/s。

⑥ 标准流量计读数需按其固有的换算公式，根据温度、压力换算成实际流量。

⑦ 按式(7-10)计算等速吸引误差，其相对误差 σ_v 可按式(7-11)计算

$$V_r = 21.22 \times \frac{Q_r P_r T}{d^2 T_r P}$$ (7-10)

$$\sigma_v = \frac{V_r - V_s}{V_s} \times 100$$ (7-11)

式中 V_r——采样仪采样嘴入口处吸引速度，m/s；

Q_r——流量标准装置或标准流量计的实际流量，L/min；

P_r——流量标准装置或标准流量计前的绝对压力，Pa；

T_r——流量标准装置或标准流量计前的绝对温度，K；

P——皮托管测压嘴处绝对压力，Pa；

T——皮托管测压嘴处绝对温度，K；

d——采样嘴直径，mm。

7.5.9 走时误差

① 用秒表（分辨率 0.01s）作标准。

② 分别测量走时时间、定时开机时间、采样时间（每次测量时间不小于 60min），按以下公式计算走时误差：

$$X_t = \frac{t_{仪} - t_{标}}{t_{标}} \times 100\%$$ (7-12)

式中 X_t——走时误差，%；

$t_{仪}$——采样仪走时时间，s；

$t_{标}$——秒表走时时间，s。

7.6 影响烟尘采样与浓度测定的一些因素

7.6.1 采样速度对测定结果的影响

图 7-11 是沃特森（Watson）的实验结果，其中 C_m、C_n 分别表示非等速采样时

和等速采样时所得到的烟尘浓度。v_s 和 v_n 分别表示烟气浓度和采样浓度。从图中可看出当尘粒粒径小于 $4\mu m$，采样速度小于采样速度时，采样浓度的误差较小；当尘粒直径较大，则由于非等速采样引起的误差就比较大。表 7-2 表明了非等速采样对采样浓度的影响。

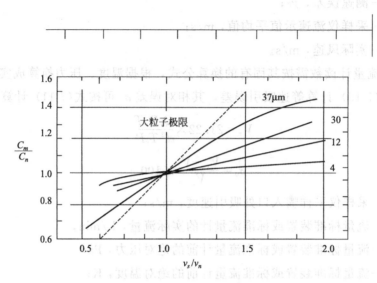

图 7-11　非等速采样所产生的误差

表 7-2　非等速采样度采样浓度的影响

v_s/v_n	C_m/C_n	
	范围	典型值
0.6	0.75~0.90	0.85
0.8	0.85~0.95	0.90
1.2	1.05~1.20	1.10
1.4	1.10~1.40	1.20
1.6	1.15~1.60	1.30
1.8	1.20~1.80	1.40

7.6.2　采样嘴方向对测定结果的影响

烟尘采样时必须把采样嘴对准气流的方向，根据标准要求，其气流方向偏差不得大于 $10°$，否则进入采样嘴的尘量减少，大尘粒尤甚，从而使采样浓度与实际浓度不符。沃特森曾用不同大小的尘粒在等速条件下，改变采样嘴与气流方向之间的角度，发现采样嘴与气流方向偏差对浓度的影响结果如图 7-12 所示。

从图中可以看出，当采样嘴偏离气流方向时，所得采样浓度都小于实际浓度，采样浓度和实际浓度之差随着偏离角度的增加而增大，而且也随着尘粒直径的增大而增

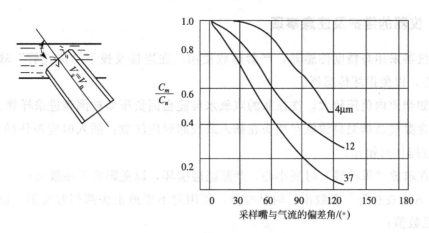

图 7-12　采样嘴位置的影响

加。当偏离角度大于 30°，尘粒直径大于 $4\mu m$ 时，这种影响力尤为明显。

7.6.3　采样嘴的形状和大小对测定结果的影响

采样嘴的形状在一定程度上影响气流的流线，从而影响尘粒的采样精度，直角边和钝角边采样嘴能对采样结果造成一定误差。因而要求采样嘴做成渐缩锐边圆形，锐边的锥度以 45° 为宜，图 7-13 所示形状的采样嘴对气流流线的破坏性最小。

采样嘴入口边缘厚度不应大于 0.2mm，入口直径偏差不大于 ±0.1mm。对采样嘴入口直径亦应有一个下限，否则较小的嘴径会使大颗粒的尘粒排斥在采样嘴外，并使单位时间采集的烟气体积较小，不能得到足够的样品，从而引起系统误差。一般认为采样嘴最小直径不小于 5mm。以现有抽气动力条件，为达到等速采样的要求，采样嘴的直径做成 6mm、8mm、10mm、12mm 等几种较为合适。建议最好选择抽气泵动力较大的自动平行法采样仪器，再配合 10mm 以上的采样嘴等速采样，以减少系统误差。

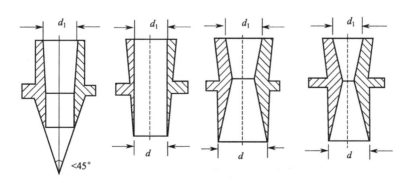

图 7-13　采样嘴

d_1—与采样管连接内径；d—采样嘴入口直径

7.6.4 仪器的维护及注意事项

① 仪器采用高精度传感器，严禁超载使用，在连接及拔下"皮托管"软管时动作要小心，以免损坏传感器。

② 如烟道内负压较大，洗涤瓶的双氧水可能会因负压而被倒吸进采样管。

③ 含湿量及烟温自锁航空插头在插入或拔起时应注意：插入时应捏住插头主体，拔起时应捏住自锁扣。

④ 在取放"采样嘴"时要小心，严禁磕碰损坏，以免影响采集效果；

⑤ "S型皮托管"系数出厂时已检验，使用时不要撞击头部引起变形，以免影响皮托管系数值；

⑥ 干燥器中的变色硅胶自下而上变色到2/3以上时应及时更换。硅胶重复使用时应将细颗粒筛除，以免增加阻力。洗涤瓶中的3%双氧水变黄后也要及时更换。

⑦ 采样时仪器记录的滤筒编号必须同实际滤筒编号对应，避免计算浓度时出错。

⑧ 扩充了气体传感器的仪器应每星期开机充电一次，充电时间为4h。

⑨ 仪器必须放置于通风、干燥处保存；运输过程中严禁剧烈震荡、翻滚。

⑩ 烟尘泵清洗方法：进入"恒流采样"状态，流量设定为"20L/min"，进入采样状态。旋下"泵清洗嘴"螺帽，用注射器抽取15mL "95%医用酒精"注入"泵清洗嘴"即可自动清洗泵。重复注入酒精2～3次，采样约10min，泵清洗完成，可退出"恒流采样"状态

⑪ 特别注意：某些仪器面板设有烟尘泵清洗口（右边），采样时严禁拧开此保护盖，否则会影响正常采样工作。

8 颗粒物 CEMS 的相关校准

8.1 相关校准的基本要求

8.1.1 颗粒物 CEMS 组成

颗粒物 CEMS 还必须至少包含以下单元。

（1）稀释气体分析仪：O_2 CEMS（干基氧），该分析仪必须符合 HJ/T 76—2007 技术规范要求。

（2）烟气参数分析仪，如烟气温度、压力、湿度等。

8.1.2 颗粒物 CEMS 的干扰

若颗粒物 CEMS 安装在湿法脱硫设施下游或者在颗粒物 CEMS 的测量点上，烟气夹带水滴或可冷凝的盐，干扰可能发生。若不采取必要的预防措施，冷凝水滴或冷凝酸液滴将影响颗粒物 CEMS 的测量。

尽可能使用抽取并加热烟气的方式测量，以最小化与参比方法条件下产生结果的误差。若采用抽取并加热烟气的方式测量，应确保：

① 在样品传输中，没有任何新的颗粒物或颗粒物沉积发生；

② 在样品流量测量设备内无冷凝累积。

8.1.3 颗粒物 CEMS 的测量量程

颗粒物 CEMS 的量程应涵盖在污染源正常操作期间的颗粒物排放浓度，在相关校准之前，允许将测量量程调整至更为合适的范围。一旦测量量程被设定，漂移测试被成功完成，不得改变颗粒物 CEMS 的响应范围。

颗粒物 CEMS 允许自动切换量程，以便仪器始终处在最为灵敏的范围内。若采用自动量程切换，必须合理设计数据记录，以便在多量程范围内的正确记录。

8.1.4 颗粒物 CEMS 的数据记录

必须确保颗粒物 CEMS 数据的正常记录，数据处理与记录应符合 HJ/T 75—

2007 和 HJ/T 76—2007 的要求。

数据记录器应能记录与颗粒物质量浓度相关的一个电子信号，若颗粒物 CEMS 采用多量程，数据记录器必须能够记录并识别某次测量处于哪个测量量程上并提供量程调整的结果。

数据记录器记录的颗粒物浓度单位应是符合相应排放标准要求的浓度单位（通常为折算浓度）。

数据记录器必须能够接受并记录监测的状态信号（加标数据）。

数据记录器应能接受来自于辅助数据监测仪的信号（氧、烟气参数等）。

8.2 相关校准程序

8.2.1 相关校准的数据

首先将手工标准分析方法数据转换为测量条件下的单位以符合颗粒物 CEMS 的响应，然后将手工标准分析方法数据和颗粒物 CEMS 的响应输出（如 mA）关联，同时计算置信区间半宽、允许区间半宽和相关系数。

在特定的条件下，颗粒物 CEMS 可能需要两个或更多的相关校准关联，如果需要更多的相关校准关联，则对于任意一个关联必须收集足够的数据，并且每一个关联都必须符合 HJ/T 76—2007 中要求。

8.2.2 相关校准程序

进行颗粒物 CEMS 的相关校准时，必须明确以下 8.2.2.1～8.2.2.7 中的每一条。

8.2.2.1 颗粒物 CEMS 的选择

应选择最适合具体安装现场情况的颗粒物 CEMS，从技术角度而言，应考虑的因素包括干扰、现场布局、安装定位、烟气条件、颗粒物浓度范围以及其他的颗粒物特性。

8.2.2.2 颗粒物 CEMS 的安装位置

颗粒物 CEMS 必须安装在以手工标准分析方法为准颗粒物排放最具代表性的地方，原则上应符合 HJ/T 75—2007 中相关条款要求，只有如此，在颗粒物 CEMS 的响应和手工标准分析方法之间的相关校准关联才可能符合性能技术规范。

慎重选择取样孔和测量点以最小化湍动、旋流以及颗粒物分层所带来的影响。

8.2.2.3 颗粒物 CEMS 数据记录

颗粒物 CEMS 和其数据日志必须正确记录所有正常的和异常的排放数据，必须确保数据日志正确记录颗粒物 CEMS 的监测状态（如标记校准、可疑数据或维护时期等）。

8.2.2.4　颗粒物 CEMS 数据的评价

评价每日的漂移数据，以便对正确的操作进行归档，同时确保任何系统的相关信息均在颗粒物 CEMS 的典型操作范围内。

8.2.2.5　颗粒物 CEMS 的正常操作

确保颗粒物 CEMS 的正常操作。观察颗粒物 CEMS 在正常排放和改变控制参数条件下的响应情况，确保颗粒物 CEMS 被正确设置在污染源的排放浓度范围内。利用这些信息有助于构建在颗粒物 CEMS 响应和手工标准分析方法间的关联。

熟悉污染物处理设施或燃烧工艺过程改变的情况（如除尘设施关键参数的改变），便于在重复的基础上影响烟气颗粒物浓度和颗粒物 CEMS 的响应。

8.2.2.6　相关校准测试

密切关注准确性和操作细节。颗粒物 CEMS 必须正确操作，同时准确地进行手工标准分析方法的操作，仔细地消除现场系统误差。均衡考虑手工标准分析方法的取样时间和颗粒物 CEMS 的时间，以使两者匹配。至少获得 15 个手工标准分析方法数据，手工标准分析方法的测试应在颗粒物 CEMS 响应的整个范围内，这可以在污染源的正常操作条件下和通过调整控制设施的参数以产生更为广泛的排放浓度。

8.2.2.7　手工标准分析方法测试

手工标准分析方法的测试必须与颗粒物 CEMS 和过程操作紧密配合并符合相应的技术规范（GB/T 16157—1996）。手工标准分析方法测试应在合适的颗粒物浓度范围内，此颗粒物浓度范围与正常过程和控制设备操作条件相符合。相关校准中标准分析方法并不服务作例行的污染源监测报告测试，监测报告中的标准分析方法测试可以在一个小时内进行典型的最小测试期。

8.2.2.8　手工标准分析方法数据和颗粒物 CEMS 数据处理

手工标准分析方法数据和颗粒物 CEMS 数据处理应完成以下各操作中的每一步。

① 从数据的有效性（例如，等速动态取样、泄漏检查）和质量保证、质量控制（例如：外部识别）角度取舍手工标准分析方法数据；

② 从数据的有效性（例如：每日的漂移检查）和质量保证（加标数据）角度取舍颗粒物 CEMS 数据；

③ 将手工标准分析方法数据转换为符合颗粒物 CEMS 测量条件下的测量单位；

④ 计算相关系数、置信区间半宽和允许区间半宽。

8.3　漂移

8.3.1　漂移检查的基本要求

在进行相关校准前，颗粒物 CEMS 必须通过 7d 的漂移测试，性能指标应符合

HJ/T 76—2007 中要求。

颗粒物 CEMS 必须能够进行在线的零点和跨度漂移检查，可以手工进行。

颗粒物 CEMS 的零点必须有负值。

8.3.2　漂移检查的标准值

零点检查值不大于颗粒物 CEMS 响应范围的 20%，必须从颗粒物 CEMS 供应商处获得零点检查值的相应文档资料。

跨度检查值处于颗粒物 CEMS 响应范围的 50%～100%。对于产生 4～20mA 信号输出的颗粒物 CEMS，跨度检查值必须能产生 12～20mA 的响应。必须从颗粒物 CEMS 供应商处获得跨度检查值的相应文档资料。

8.3.3　漂移测试

检查零点（或仪器响应范围的 0～20% 间的低水平值）和跨度（仪器响应范围的 50%～100%）漂移，每天（间隔 24h）一次，连续 7d。颗粒物 CEMS 必须定量化并记录零点和跨度的测量以及测量时间，若对颗粒物 CEMS 的零点和跨度设置进行了自动和手工调整，则在调整之前必须进行漂移测试或者以一种能决定漂移量的方式进行。

漂移测试可以自动进行，或通过引入颗粒物 CEMS 合适的参考标准（不必认证）手工进行，或通过其它合适的程序手工进行。

8.4　相关校准测试

8.4.1　同步进行

测试期间，应均衡考虑排放源和/或净化设施的过程操作、参比方法取样和颗粒物 CEMS 的运行，例如，必须确保过程操作在目标条件下，并且颗粒物 CEMS 及其数据采集和处理系统均正常运行。

① 协调参比方法取样和颗粒物 CEMS 操作的开始和停止的时间，对于间歇取样的颗粒物 CEMS，参比方法取样时间应和颗粒物 CEMS 的取样时间同时开始。

② 标记并记录参比方法取样孔改变的时间和参比方法被暂停的时间，以便相应地调整颗粒物 CEMS 的数据（如果必须如此的话）。

8.4.2　数据对要求

参比方法与 CEMS 同步进行，CEMS 每分钟记录一次累计平均值，取与参比方法同时间区间测量值的平均值与参比方法测定值组成一个数据对，必须获得至少 15

个有效的测试数据对。

① 进行相关校准测试的数据对大于 15 个时，可以舍弃部分测试数据对。

② 可以舍弃 5 个数据对而不需要任何解释。

③ 舍弃数据对超过 5 个时，则必须解释舍弃的原因。

④ 必须报告所有数据，包括舍弃的数据对。

8.4.3　数据分布范围

通过改变过程操作条件、颗粒物控制设备的运行参数或通过颗粒物加标，获得三种不同分布范围的颗粒物浓度。

三种不同浓度水平的颗粒物浓度应分布在整个测量范围内。

所有有效测试数据对中至少 20% 的测试数据对应分布在如下每个范围。

① 范围 1：零浓度至测定的最大颗粒物浓度的 50%。

② 范围 2：测定的最大颗粒物浓度的 25%～75%。

③ 范围 3：测定的最大颗粒物浓度的 50%～100%。

8.4.4　数据单位

必须将参比方法结果的单位向颗粒物 CEMS 的测量条件（如，mg/m^3，实际体积）下转换。

8.4.5　零点数据

仪器的零点数据应该获得，在可能情况下，可以从烟道中移出仪器监测环境空气获得，或当颗粒物浓度非常低时（例如，过程未操作，但风机却正常运转或污染源正燃烧天然气）获得。

若无法获得颗粒物 CEMS 零点，应构造烟气中无颗粒物的分析仪响应（例如，$4mA=0mg/m^3$）。

8.4.6　相关校准的颗粒物浓度范围

在污染源正常操作情况下，如下①或②中任一情况发生，必须进行附加的相关校准测试，同时记录并报告最高颗粒物排放的原因：

① 污染源连续 24h 平均颗粒物 CEMS 响应大于用于相关校准测试时最高颗粒物 CEMS 响应的 125%；

② 任意 30d 操作期内，超过 5% 的小时平均颗粒物 CEMS 响应大于用于相关校准测试时最高颗粒物 CEMS 响应的 125%（例如，mA 读数）。

若附加测试被要求，则必须在导致最高颗粒物排放浓度条件下进行至少 3 个附加测试，并将附加的测试数据和先前的相关校准测试数据一起重新计算回归方程。

8.5　数据计算和分析

8.5.1　相关校准前的计算

首先将参比方法测量值 Y（合适的单位）与颗粒物 CEMS 平均响应 X（一段时间内平均值）配对，配对的数据必须符合质量控制/质量保证要求。

① 测定前调整颗粒物 CEMS 的输出和参比方法测试数据至统一时钟时间（考虑颗粒物 CEMS 的响应时间）；

② 计算颗粒物 CEMS 在参比方法测试期间的数据输出（算术平均），评价所有的颗粒物 CEMS 数据并确定在计算颗粒物 CEMS 数据平均值时是否舍弃；

③ 确保参比方法和颗粒物 CEMS 的测量结果基于同样的烟气状态，将参比方法颗粒物浓度测量（干基标态）向颗粒物 CEMS 测量条件下单位转换。

为从颗粒物 CEMS 响应预测颗粒物浓度，必须利用最小平方法回归计算。在进行计算时，每个参比方法测量值均被处理做离散的数据点。

8.5.2　线性相关

8.5.2.1　线性方程

计算线性方程，此方程给出了预测颗粒物浓度 Y，作为颗粒物 CEMS 响应 X 的函数：

$$Y = b_0 + b_1 X \tag{8-1}$$

式中　Y——预测颗粒物浓度；

$\quad\quad b_0$——关联曲线截距，计算见式(8-2)；

$\quad\quad b_1$——关联曲线斜率，计算见式(8-4)；

$\quad\quad X$——颗粒物 CEMS 响应值。

截距计算式：

$$b_0 = \overline{Y} - b_1 \overline{X} \tag{8-2}$$

式中　$\overline{X}$——颗粒物 CEMS 响应数据的平均值，计算见式(8-3)；

$\quad\quad \overline{Y}$——颗粒物浓度数据的平均值，计算见式(8-3)。

$$\overline{X} = \frac{1}{n}\sum_{i=1}^{n}X_i; \ \overline{Y} = \frac{1}{n}\sum_{i=1}^{n}Y_i \tag{8-3}$$

式中　X_i——第 i 个数据对，颗粒物 CEMS 的响应值；

$\quad\quad Y_i$——第 i 个数据对，颗粒物浓度值；

$\quad\quad n$——数据对数目。

斜率计算式：

$$b_1 = \frac{S_{xy}}{S_{xx}} \tag{8-4}$$

式中

$$S_{xx} = \sum_{i=1}^{n}(X_i - \overline{X})^2 \quad S_{xy} = \sum_{i=1}^{n}(X_i - \overline{X})(Y_i - \overline{Y}) \tag{8-5}$$

8.5.2.2 置信区间半宽

对于在平均值 X 处的预测颗粒物浓度，其 95％置信区间半宽计算见式(8-6)：

$$CI = t_{df,1-a/2} S_L \sqrt{\frac{1}{n}} \tag{8-6}$$

式中 CI——对于平均值 X 的 95％置信区间半宽；

$t_{df,1-a/2}$——对于 $df = n-2$ 如附表中提供的学生统计 t 值；

S_L——相关曲线的分散性或偏差性，计算见式(8-7)：

$$S_L = \sqrt{\frac{1}{n-2}\sum_{i=1}^{n}(\overset{<}{Y}_i - Y_i)^2} \tag{8-7}$$

在平均值 X 处，作为排放限值百分比的置信区间半宽计算见式(8-8)：

$$CI\% = \frac{CI}{EL}100\% \tag{8-8}$$

式中 EL——颗粒物排放限值。

8.5.2.3 允许区间半宽

在平均值 X 处，允许区间半宽计算见式(8-9)：

$$TI = k_t S_L \tag{8-9}$$

式中 TI——在平均值 X 处允许区间半宽；

k_t——计算见式(8-10)；

S_L——计算见式(8-7)。

$$k_t = u_{n''} V_{df} \tag{8-10}$$

式中 n''——测试数据对个数；

$u_{n''}$——如附表提供，75％容忍因子；

V_{df}——对于 $df = n-2$ 如附表所示。

在平均值 X 处，作为排放限值百分比的允许区间半宽计算见式(8-11)：

$$TI\% = \frac{TI}{EL}100\% \tag{8-11}$$

8.5.2.4 线性相关系数

线性相关系数计算见式(8-12)：

$$r = \sqrt{1 - \frac{S_L^2}{S_y^2}} \tag{8-12}$$

式中 S_L——计算见式(8-7)；

S_y——计算见式(8-13)。

$$S_y = \sqrt{\frac{\sum\limits_{i=1}^{n}(y_i - \bar{y})^2}{n-1}} \tag{8-13}$$

8.5.3　多项式相关

8.5.3.1　多项式相关方程

计算多项式相关方程，见式(8-14)～式(8-20)。

$$Y = b_0 + b_1 X + b_2 X^2 \tag{8-14}$$

式中　　Y——通过多项式相关预测的颗粒物浓度；

b_0，b_1、b_2——系数，通过解矩阵方程 $Ab = B$ 获得：

$$A = \begin{bmatrix} n & S_1 & S_2 \\ S_1 & S_2 & S_3 \\ S_2 & S_3 & S_4 \end{bmatrix}, \; b = \begin{bmatrix} b_0 \\ b_1 \\ b_2 \end{bmatrix}, \; B = \begin{bmatrix} S_5 \\ S_6 \\ S_7 \end{bmatrix} \tag{8-15}$$

$$S_1 = \sum_{i=1}^{n}(x_i), \; S_2 = \sum_{i=1}^{n}(x_i^2), \; S_3 = \sum_{i=1}^{n}(x_i^3), \; S_4 = \sum_{i=1}^{n}(x_i^4),$$

$$S_5 = \sum_{i=1}^{n}(y_i), \; S_6 = \sum_{i=1}^{n}(x_i y_i), \; S_7 = \sum_{i=1}^{n}(x_i^2 y_i) \tag{8-16}$$

式中　　x_i——数据对 i 颗粒物 CEMS 响应；

y_i——数据对 i 参比方法颗粒物浓度；

n——测试数据对数目。

多项式相关曲线系数（b_0、b_1、b_2）分别用式(8-17)～式(8-19)计算：

$$b_0 = \frac{(S_5 S_2 S_4 + S_1 S_3 S_7 + S_2 S_6 S_3 - S_7 S_2 S_2 - S_3 S_3 S_5 - S_4 S_6 S_1)}{\det A} \tag{8-17}$$

$$b_1 = \frac{(n S_6 S_4 + S_5 S_3 S_2 + S_2 S_1 S_7 - S_2 S_6 S_2 - S_7 S_3 n - S_4 S_1 S_5)}{\det A} \tag{8-18}$$

$$b_2 = \frac{(n S_2 S_7 + S_1 S_6 S_2 + S_5 S_1 S_3 - S_2 S_2 S_5 - S_3 S_6 n - S_7 S_1 S_1)}{\det A} \tag{8-19}$$

式中：

$$\det A = n S_2 S_4 - S_2 S_2 + S_1 S_3 S_2 - S_3 S_3 n + S_2 S_1 S_3 - S_4 S_1 S_1 \tag{8-20}$$

8.5.3.2　置信区间半宽

置信区间半宽计算首先用式(8-21)和式(8-22)计算系数 C：

$$C_0 = \frac{(S_2 S_4 - S_3^2)}{D}, \; C_1 = \frac{(S_3 S_2 - S_1 S_4)}{D}, \; C_2 = \frac{(S_1 S_3 - S_2^2)}{D}$$

$$C_3 = \frac{(n S_4 - S_2^2)}{D}, \; C_4 = \frac{(S_1 S_2 - n S_3)}{D}, \; C_5 = \frac{(n S_2 - S_1^2)}{D} \tag{8-21}$$

式中：

$$D = n(S_2 S_4 - S_3^2) + S_1(S_3 S_2 - S_1 S_4) + S_2(S_1 S_3 - S_2^2) \tag{8-22}$$

对于每一个 x 用式(8-23) 计算 Δ：

$$\Delta = C_0 + 2C_1 x + (2C_2 + C_3) x^2 + 2C_4 x^3 + C_5 x^4 \tag{8-23}$$

计算 Δ 最小时（Δ_{min}）的 x 值。用式(8-24) 计算多项式相关曲线的 Δ 值的分散性或偏差：

$$S_p = \sqrt{\frac{1}{n-3} \sum_{i=1}^{n} (\overset{\vee}{Y} - Y_i)^2} \tag{8-24}$$

用式(8-25) 计算在符合 Δ_{min} 时 x 值处 95％置信区间半宽：

$$CI = t_{df} S_p \sqrt{\Delta_{min}} \tag{8-25}$$

式中　$df = n - 3$；

t_{df} 见附表。

用式(8-26) 计算在符合 Δ_{min} 时 x 值处作为排放限值百分比的置信区间半宽：

$$CI\% = \frac{CI}{EL} 100\% \tag{8-26}$$

式中　CI——符合 Δ_{min} 时 x 值处 95％置信区间半宽；

　　　　EL——颗粒物排放限值。

8.5.3.3　允许区间半宽

多项式相关曲线在符合 Δ_{min} 时 x 值处允许区间半宽用式(8-27)～式(8-29) 计算：

$$TI = k_T S_p \tag{8-27}$$

式中

$$k_T = u_{n'} V_{df} \tag{8-28}$$

$$n' = \frac{1}{\Delta_{min}} \tag{8-29}$$

$u_{n'}$——见附表；

V_{df}——见附表，$df = n - 3$，若 n' 小于 2，则 $n' = 2$。

用式(8-30) 计算在符合 Δ_{min} 时 x 值处作为排放限值百分比的允许区间半宽：

$$TI\% = \frac{TI}{EL} 100\% \tag{8-30}$$

式中　TI——符合 Δ_{min} 时 x 值处 95％允许区间半宽；

　　　　EL——颗粒物排放限值。

8.5.3.4　相关系数

用式(8-31) 计算多项式曲线的相关系数：

$$r=\sqrt{1-\frac{S_p^2}{S_y^2}} \tag{8-31}$$

式中　S_p——计算见式(8-24)；

　　　　S_y——计算见式(8-13)。

8.5.4　对数相关

8.5.4.1　对数相关方程

对数相关计算如下。

$$\check{Y}=b_0+b_1\ln(x) \tag{8-32}$$

（1）对数转换

对于每一个颗粒物 CEMS 响应值（x 值）用式(8-33)进行对数转换：

$$x_i'=\ln(x_i) \tag{8-33}$$

式中　x_i'——对数转换值；

　$\ln(x_i)$——对于每一个颗粒物 CEMS 相应的自然对数。

（2）线性化

用 x_i' 代替 x_i，获得如式(8-1)同样的线性方程，结果见式(8-34)：

$$Y=b_0+b_1x' \tag{8-34}$$

式中　x'——颗粒物 CEMS 响应的自然对数，变量 b_0、b_1 见式(8-1)中定义。

8.5.4.2　置信区间、允许区间和相关系数

用 x_i' 代替 x_i，在平均值 x' 处，同 8.5.2.2～8.5.2.4 计算置信区间半宽、允许区间半宽和相关系数。

8.5.5　指数相关

8.5.5.1　指数相关方程

指数相关计算如下。

$$\check{Y}=b_1e^{b_0x} \tag{8-35}$$

（1）对数转换

对于每一个颗粒物浓度值（y 值）用式(8-36)进行对数转换：

$$y_i'=\ln(y_i) \tag{8-36}$$

式中　y_i'——对数转换值；

　$\ln(y_i)$——对于每一个颗粒物浓度测量值的自然对数。

（2）线性化

用 y_i' 代替 y_i，获得如式(8-1)同样的线性方程，结果见式(8-37)：

$$\check{Y}'=b_0+b_1x \tag{8-37}$$

式中　$\overset{>}{Y'}$——预测颗粒物浓度的自然对数，变量 b_0、b_1 如 8.5.2.1 中定义。

8.5.5.2　置信区间

用 y_i' 代替 y_i，用 8.5.2.2 中步骤计算置信区间半宽。然而，对于指数相关，必须在中值 x 处计算置信区间半宽，而非线性相关的平均值 x 处计算。在中值 x 处，作为排放限值百分比的置信区间半宽见式(8-38)：

$$CI\% = \frac{CI}{\ln(EL)}100\%\qquad(8\text{-}38)$$

式中　CI——在中值 x 处，置信区间半宽；
$\ln(EL)$——排放限值的自然对数。

8.5.5.3　允许区间

用 y_i' 代替 y_i，用 8.5.2.3 中步骤计算允许区间半宽。然而，对于指数相关，必须在中值 x 处计算允许区间半宽。在中值 x 处，作为排放限值百分比的允许区间半宽见式(8-39)：

$$TI\% = \frac{TI}{\ln(EL)}100\%\qquad(8\text{-}39)$$

式中　TI——在中值 x 处，允许区间半宽；
$\ln(EL)$——排放限值的自然对数。

8.5.5.4　相关系数

用 y_i' 代替 y_i，用 8.5.2.4 中步骤计算相关系数。

8.5.6　幂数相关

8.5.6.1　幂数相关方程

幂数相关计算程序如下。

$$\overset{>}{Y} = b_1 x^{b_0}\qquad(8\text{-}40)$$

（1）对数转换

对于每一个颗粒物 CEMS 响应值（x 值）和颗粒物浓度值分别用式(8-33)和式(8-36)进行转换。

（2）线性化

用 x_i' 代替 x_i，用 y_i' 代替 y_i，获得如式(8-1)同样的线性方程，结果见式(8-41)：

$$\overset{>}{Y'} = b_0 + b_1 x'\qquad(8\text{-}41)$$

式中　$\overset{>}{Y'}$——预测颗粒物浓度的自然对数，变量 b_0、b_1 如式(8-1)中定义；
　　　x'——颗粒物 CEMS 响应值的自然对数。

8.5.6.2　置信区间半宽

用 y_i' 代替 y_i，用 8.5.2.2 中步骤计算置信区间半宽。然而，对于幂数相关，必

须在中值 x' 处计算置信区间半宽。在中值 x' 处，作为排放限值百分比的置信区间半宽见式(8-38)。

8.5.6.3 允许区间半宽

用 y_i' 代替 y_i，用 8.5.2.3 中步骤计算允许区间半宽。然而，对于幂数相关，必须在中值 x' 处计算允许区间半宽。在中值 x' 处，作为排放限值百分比的允许区间半宽见式(8-39)。

8.5.6.4 相关系数

用 y_i' 代替 y_i，用 8.5.2.4 中步骤计算相关系数。

8.6 相关曲线模型的选择

对于按技术规范开发的相关校准曲线，应将置信区间半宽百分比、允许区间半宽百分比和相关系数与 HJ/T 76—2007 中的要求进行对比，若模型符合所有的性能技术规范要求，则可以使用线性、对数、指数和幂数相关。然而，对于多项式模型，多项式曲线应满足最小和最大值要求。

若开发的多种相关曲线均满足规范要求的性能指标，则应使用相关系数最大的相关曲线，若多项式模型的相关系数最大，则多项式曲线应满足最小和最大值要求。

按技术规范程序开发，并满足技术指标要求，且多项式相关曲线的最小或最大值不在扩展的数据范围内，则可以使用多项式相关曲线。多项式相关曲线的最小或最大值是曲线斜率等于零的点。按如下程序判断曲线的最小或最大值是否在扩展的数据范围内。

① 通过多项式系数 b_2 是否大于零判断多项式是否具有最大值或最小值。若 b_2 小于零，则曲线有最大值，若 b_2 大于零，则曲线有最小值，若 b_2 等于零，则关联曲线为线性。

② 用式(8-42)计算拐点。

$$\max imum \text{ OR } \min imun = -\frac{b_1}{2b_2} \tag{8-42}$$

③ 若多项式相关曲线具有最小点，则应将最小值和颗粒物 CEMS 的响应作对比。如果相关曲线的最小值小于或等于最小颗粒物 CEMS 响应值，并且此相关曲线也满足性能规范的所有要求，则可以使用此多项式相关曲线。如果相关曲线的最小点大于最小颗粒物 CEMS 的响应值，则不能使用多项式相关曲线预测颗粒物浓度。

④ 若多项式曲线有最大值，则最大值必须大于允许的外推限值（允许的外推限值通常可选为最高颗粒物响应的 125%）。若多项式相关曲线的最大值大于外推限值，并且此相关曲线也满足性能规范的所有要求，则可以使用此多项式相关曲线。如果相关曲线的最大点小于外推限值，则不能使用多项式相关曲线预测颗粒物浓度。

附表　置信区间半宽和允许区间半宽计算因子

df or n'	t_{df}	V_{df}	$u_n'(75)$	df or n'	t_{df}	V_{df}	$u_n'(75)$
2	4.303	4.415	1.433	36	2.028	1.244	1.167
3	3.182	2.920	1.340	37	2.026	1.240	1.166
4	2.776	2.372	1.295	38	2.025	1.236	1.166
5	2.571	2.089	1.266	39	2.023	1.232	1.165
6	2.447	1.915	1.247	40	2.021	1.228	1.165
7	2.365	1.797	1.233	41	2.020	1.225	1.165
8	2.306	1.711	1.223	42	2.018	1.222	1.164
9	2.262	1.645	1.214	43	2.017	1.219	1.164
10	2.228	1.593	1.208	44	2.015	1.216	1.163
11	2.201	1.551	1.203	45	2.014	1.213	1.163
12	2.179	1.515	1.199	46	2.013	1.210	1.163
13	2.160	1.485	1.195	47	2.012	1.207	1.163
14	2.145	1.460	1.192	48	2.011	1.205	1.162
15	2.131	1.437	1.189	49	2.010	1.202	1.162
16	2.120	1.418	1.187	50	2.009	1.199	1.162
17	2.110	1.400	1.185	51	2.008	1.197	1.162
18	2.101	1.385	1.183	52	2.007	1.194	1.162
19	2.093	1.370	1.181	53	2.006	1.191	1.161
20	2.086	1.358	1.179	54	2.005	1.189	1.161
21	2.080	1.346	1.178	55	2.005	1.186	1.161
22	2.074	1.335	1.177	56	2.004	1.183	1.161
23	2.069	1.326	1.175	57	2.003	1.181	1.161
24	2.064	1.317	1.174	58	2.002	1.178	1.160
25	2.060	1.308	1.173	59	2.001	1.176	1.160
26	2.056	1.301	1.172	60	2.000	1.173	1.160
27	2.052	1.294	1.172	61	2.000	1.170	1.160
28	2.048	1.287	1.171	62	1.999	1.168	1.160
29	2.045	1.281	1.171	63	1.999	1.165	1.159
30	2.042	1.274	1.170				
31	2.040	1.269	1.169				
32	2.037	1.264	1.169				
33	2.035	1.258	1.168				
34	2.032	1.253	1.168				
35	2.030	1.248	1.167				

9 CEMS 运营的质量保证和质量控制

9.1 质量保证的意义和内容

环境监测对象成分复杂，时间、空间量级上分布广泛，且随机多变，不易准确测量。特别是在区域性、国际间大规模的环境调查中，常需要在同一时间，由许多实验室和仪器同时参加、同步测定。这就要求各个实验室和众多仪器从采样到结果所提供的数据有规定的准确性和可比性，以便做出正确的结论。如果没有一个科学的环境监测质量保证程序，由于人员的技术水平、仪器设备、地域等差异，难免出现调查资料互相矛盾、数据不能利用的现象，造成大量人力、物力和财力的浪费。

环境监测质量保证是环境监测中十分重要的技术工作和管理工作。质量保证和质量控制是一种保证监测数据准确可靠的方法，也是科学管理实验室和监测系统的有效措施，它可以保证数据质量，使环境监测建立在可靠的基础之上。

环境监测质量保证是整个监测过程的全面质量管理，包括制订计划；根据需要和可能确定监测指标及数据的质量要求；规定相应的分析监测系统。其内容包括采样、样品预处理、贮存、运输、实验室供应，仪器设备、器皿的选择和校准，试剂和基准物质的选用，统一测量方法，质量控制程序，数据的记录和整理，各类人员的要求和技术培训，实验室的清洁度和安全，以及编写有关的文件、指南和手册等。

环境监测质量控制是环境监测质量保证的一个部分，它包括实验室内部质量控制和外部质量控制两个部分。实验室内部质量控制，是实验室自我控制质量的常规程序，它能反映分析质量稳定性如何，以便及时发现分析中的异常情况，随时采取相应的的校正措施。其内容包括空白实验、校准曲线核查、仪器设备的定期标定、平行样分析、加标样分析、密码样分析和编制质量控制图等；外部质量控制通常是由常规监测以外的中心监测站或其他有经验人员来执行，以便对数据质量进行独立评价，各实验室可以从中发现所存在的系统误差等问题，以便及时校正，提高监测质量。常用的方法有分析标准样品以进行实验室之间的评价和分析测量系统的现场评价等。

9.2　基本概念

9.2.1　准确度

准确度是测量值与真值的符合程度。一个分析方法或分析测量系统的准确度是反映该方法或该系统存在的系统误差的综合指标，决定着这个结果的可靠性。

可采用测定回收率、对标准物质的分析、不同方法的对比等方法来评价准确度。

9.2.1.1　回收率实验

在样品中加入标准物质，测定其回收率。这是目前试验常用而又方便的确定准确度的方法。多次回收试验还可以发现方法的系统误差。

回收率的计算：

$$P = \frac{加标试样测定值-试样测定值}{加标量} \times 100\% \tag{9-1}$$

通常规定95%~105%作为回收率的目标值。当超出其范围时，可由下列公式计算可以接受的上、下限。

$$P_{下} = 0.95 - \frac{t_{0.05(f)} \times S/\sqrt{n}}{D} \tag{9-2}$$

$$P_{上} = 1.05 + \frac{t_{0.05(f)} \times S/\sqrt{n}}{D} \tag{9-3}$$

回收率试验方法简便，能综合反映多种因素引起的误差。因此常用来判断某分析方法是否适合于特定试样的测定。但由于分析过程中对样品和加标样品的操作完全相同，以至于干扰的影响、操作损失及环境沾污对二者也是完全相同的，误差可以相互抵消，因而难以对误差进行分析，以致无法找出测定中存在的具体问题，因此我们说回收率对准确度的控制有一定限制，这时应同时使用其他控制方法。

9.2.1.2　对标准物质的分析——t 检法

一个方法的准确度还可用对照实验来检验，即通过对标准物质的分析或用标准方法来分析相对照。同样的分析方法有时也能因不同实验室、不同分析人员而使分析结果有所差异。通过对照可以找出差异所在，以此判断方法的准确度。t 检法也称为显著性检验。

显著性检验的一般步骤如下。

① 提出一个否定假设。

② 确定并计算七值：$\pm t = \dfrac{\bar{x} - \mu}{S/\sqrt{n}}$

③ 选定 $n(f)$，a，并查表 $t_a(f)$

④ 判断假设是否成立：$t \leqslant t_{0.05(f)}$，则无显著性差异

$\qquad\qquad\qquad$ $t > t_{0.05(f)}$，则有显著性差异

注：双侧检验和单侧检验。

9.2.1.3　不同方法之间的比较——t 检法

比较不同条件下（不同时间、不同地点、不同仪器、不同分析人员等）的两组测量数据之间是否存在差异。检验的假设是两总体均值相等，检验的前提是两总体偏差无显著差异，偏差来自同一总体，其偏差为偶然误差。

步骤：

① 使用精密度检验判断两方法标准偏差有无显著性差异，若无显著性差异，再进行 t 检验法；

② 假设两均值无显著性差异；

③ 计算总体标准偏差：$S_T = \sqrt{\dfrac{(n_A - 1)S_A^2 + (n_B - 1)S_B^2}{n_A + n_B - 2}}$

计算统计值：$t = \dfrac{\bar{x}_A - \bar{x}_B}{S_T} \sqrt{\dfrac{n_A \cdot n_B}{n_A + n_B}}$

④ 根据显著性水平及自由度查 t 临界值表；

⑤ 判断假设是否成立：$t \leqslant t_{a(f)}$，则无显著性差异，$t > t_{a(f)}$，则有显著性差异。

9.2.2　精密度

精密度是指在规定的条件下，用同一方法对一均匀试样进行重复分析时，所得分析结果之间的一致性程度，由分析的偶然误差决定，偶然误差越小，则分析的精密度越高。精密度用标准偏差或相对标准偏差来表示，通常与被测物的含量水平有关。

讨论精密度时常用以下术语。

① 平行性：在同一实验室，当操作人员、分析设备和分析时间均相同时，用同样方法对同一样品进行多份平行样测定的结果之间的符合程度。

② 重复性：在同一实验室，当操作人员、分析设备和分析时间三因素中至少有一项不相同时，用同样方法对同一样品多次独立测定的结果之间的符合程度。

③ 再现性：在不同实验室（人员、设备及时间都不相同），用同样方法对同一样品进行多次重复测定的结果之间的符合程度。

精密度、准确度和偏差关系如图 9-1 所示。

9.2.3　灵敏度/检出限

仪器对单位浓度或单位量的待测物质的变化所引起的响应量的变化的程度，用仪器的响应量或其它指示量与对应的待测物质的浓度或量之比来描述。

检出限以浓度（或质量）表示，是指由特定的分析步骤能够合理地检测出的最小

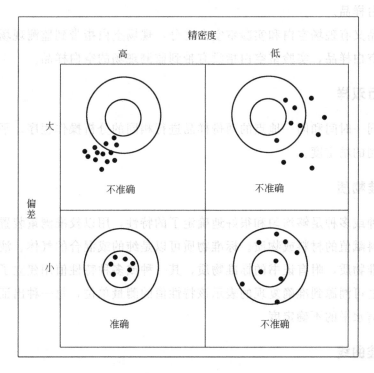

图 9-1　精密度、准确度和偏差关系

分析信号而求得的最低浓度（或质量）。测定限是定量分析方法实际可能测定的某组分的下限。

与检出限不同，测定限不仅受到测定噪声限制，而且还受到空白背景绝对水平的限制，只有当分析信号比噪声和空白背景大到一定程度时才能可靠地分辨与检测出来。噪声和空白背景越高，实际能测定的浓度就越高，说明高的噪声和空白背景值会使测定限变坏。

检出限是指产生一个能可靠地被检出的分析信号所需要的某元素的最小浓度或含量，而测定限则是指定量分析实际可以达到的极限。因为当元素在试样中的含量相当于方法的检出限时，虽然能可靠地检测其分析信号，证明该元素在试样中确实存在，但定量测定的误差可能非常大，测量的结果仅具有定性分析的价值。测定限在数值上总应高于检出限。

检出限一般有仪器检出限、分析方法检出限之分。仪器检出限是指分析仪器能检出与噪声相区别的小信号的能力，而方法检出限不但与仪器噪音有关，而且还决定于方法全部流程的各个环节，如取样，分离富集，测定条件优化等，即分析者、环境、样品性质等对检出限也均有影响，实际工作中应说明获得检出限的具体条件。

9.2.4　空白分析

空白试验指对不含待测物质的样品用与实际样品同样的操作进行的试验，对应的样品称为空白样品。

空白样品又有现场空白和实验室空白之分，现场空白指带到监测现场而模拟现场监测过程的空白样品，实验室空白指没有带到监测现场的空白样品。

9.2.5 平行双样

对来自同一时间和同一地点的两份样品进行相同的分析操作程序。平行双样用于判断分析监测的精密度。

9.2.6 标准物质

具有一种或多种足够均匀和很好地确定了的特性，用以校准测量装置，评价测量方法或给材料赋值的材料或物质。标准物质可以是纯的或混合的气体、液体或固体。

有证标准物质，附有证书的标准物质，其一种或多种特性值用建立了溯源性的程序确定，使之可溯源到准确复现的表示该特性值的测量单位，每一种出证的特性值都附有给定置信水平的不确定度。

9.2.7 校准曲线

校准曲线是用于描述待测物质的浓度或量与相应的测量仪器的响应量或其它指示量之间的定量关系曲线。

校准曲线的线性范围：校准曲线的直线部分所对应的待测物质的浓度或量的变化范围称为该方法的线性范围。

9.3 回归分析

9.3.1 回归分析的定义与用途

环境监测中经常遇到相互间存在着一定关系的变量。变量之间关系主要有两种类型：

① 确定关系，如欧姆定律 $V=IR$，已知三个变量中的任意两个，就能按公式求第三个。

② 相关关系，有些变量之间既有关系又无确定性关系，称为相关关系。如颗粒物质量浓度与仪器响应值之间的关系；能斯特方程式 $E=E^\circ-0.059\lg C$ 中 E 与 $\lg C$ 之间的关系等。回归分析就是研究变量间相互关系的统计方法。

回归分析有如下主要用途。

① 建立回归方程：从一组数据出发，确定这些变量间的定量关系式，$y=a+bx$。

② 相关系数及其检验：评价变量间关系的密切程度。

③ 应用回归方程从一个变量值去估计另一变量值，已知 x 或 y，求 y 或 x。

④ 回归曲线的统计检验：对回归方程的主要参数作进一步的评价和比较。

在环境监测质量控制与保证中主要应用的是一元线性方程。它可以用于建立某种方法的校准曲线，研究不同的方法之间的相互关系，评价不同实验室测定多种浓度水平样品的结果。

9.3.2 一元线性回归方程的建立

一组测定数据，包括：自变量 x_1，x_2，x_3，…，x_n，因变量 y_1，y_2，y_3，…，y_n。如果 x 与 y 之间呈直线趋势，则可用一条直线来描述两者之间的关系，即 $y=a+bx$，其中 y 为由 x 推算出的 y 的估计值（回归值）；b 为回归系数，即回归直线斜率；a 为回归直线在 y 轴上的截距。

对于上式，若实测值 y_i 与回归值 y 的偏差越小，则可认为直线回归方程与实测点拟合越好。用 $Q(a,b)$ 表示实测值与回归值的差方和，则

$$Q(a,b)=\sum(y_i-\hat{y}_i)^2=\sum(y_i-a-bx_i)^2$$

要使 $Q(a,b)$ 最小，用求极值的方法，分别对 a，b 求偏导，并令其等于 0，即最小二乘法：

$$\frac{\partial Q}{\partial a}=\frac{\partial\left[\sum(y_i-a-bx_i)^2\right]}{\partial a}=0$$

$$\frac{\partial Q}{\partial b}=\frac{\partial\left[\sum(y_i-a-bx_i)^2\right]}{\partial b}=0$$

解方程组，可求出 a、b 的计算公式：

$$b=\frac{S_{xy}}{S_{xx}}=\frac{\sum(x_i-\bar{x})(y_i-\bar{y})}{\sum(x_i-\bar{x})^2}$$

$$a=\bar{y}-b\bar{x}$$

将 a，b 代入 $y=a+bx$，即得一元线性回归方程。

9.3.3 相关系数及其检验

对任何两个变量 x、y 组成的一组数据，都可根据最小二乘法回归出一条直线，但只有 x 与 y 存在某种线性关系时，直线才有意义。其线性关系的检验用相关系数。

9.3.3.1 相关系数的定义式

$$\gamma=\frac{S_{xy}}{\sqrt{S_{xx}S_{yy}}}=\frac{\sum(x_i-\bar{x})(y_i-\bar{y})}{\sqrt{\sum(x_i-\bar{x})^2\sum(y_i-\bar{y})^2}}$$

9.3.3.2 相关系数的取值范围及物理意义

取值范围：$-1\leqslant\gamma\leqslant 1$，

物理意义：$\gamma=0$，x 与 y 无线性关系；

$\gamma=+1$，x 与 y 完全正相关；

$\gamma=-1$，x 与 y 完全负相关；

$0<\gamma<1$，x 与 y 正相关；

$-1<\gamma<0$，x 与 y 负相关。

9.3.4　相关系数的显著性检验

γ 越接近 ±1，x 与 y 的线性关系越显著；γ 越接近 0，x 与 y 的线性关系越小。当 $|\gamma|\geqslant\gamma_a$ 临界值时，两变量 x 与 y 为线性。

检验步骤：① 计算相关系数；

② 根据显著性水平和自由度，查相关系数临界值表 $\gamma_{a(f)}$；

③ 判断：$|\gamma|\geqslant\gamma_a$，$x$ 与 y 为线性关系；

$|\gamma|<\gamma_a$，x 与 y 为非线性关系。

9.4　数据的修约和取舍

9.4.1　监测结果数据修约规则

各种测量、计算的数据需要修约时，应遵守下列规则：四舍六入五考虑，五后非零则进一，五后皆零视奇偶，五前为偶应舍去，五前为奇则进一。

9.4.2　可疑数据的取舍

与正常数据不是来自同一分布总体，明显歪曲试验结果的测量数据，称为离群数据，可能会歪曲试验结果，但尚未经检验断定其是离群数据的测量数据称为可疑数据。

在数据处理时，必须剔除离群数据以使测定结果更符合客观实际。正常数据总有一定分散性，如果人为地删去一些误差较大但并非离群的测量数据，由此得到精密度很高的测量结果并不符合客观实际。因此对可疑数据的取舍必须遵循一定的原则。

测量中发现明显的系统误差和过失误差，由此而产生的数据应随时剔除。而可疑数据的舍取应采用统计方法判别，即离群数据的统计检验。检验的方法很多，最常用的一种为 Dixon 检验法。

9.5　质量管理体系

9.5.1　概述

GB/T 19001—2000《质量管理体系标准》对"质量"定义为："一组固有特性满

足要求的程度"。对于连续自动监测系统运营实验室而言，质量就是满足排污企业和环保局需求的程度，即多大程度上为排污企业和环保局提供及时、准确、价廉的监测数据。

质量管理是指在质量方面指挥和控制组织的协调活动。通常包括质量策划、质量保证、质量控制和质量改进。质量策划的目的主要是建立自身的质量方针和质量目标。而质量保证包含内部保证和外部保证两方面，内部保证是向其管理者提供信任，外部保证是向其服务对象提供信任。当然这种信任不仅仅是一种承诺，而是通过实施一系列的、有计划的活动，表明实验室有能力满足质量要求。质量控制即是其中的重要一环，其目的就是满足实验室自身及其服务对象的质量要求。通过监视可能影响"质量"的整个过程，及时发现并解决不符合、不满意的因素以达到满足质量要求的目的。质量控制可分为内部质量控制和外部质量控制。实验室必须建立内部质量控制体系以保证监测结果达到预期的质量标准。实验室内部质量控制实际上是通过监视监测程序中各种过程，得出各种信息。工作人员根据这些信息作出相关判断，监测数据是否满足要求。内部质量控制是针对监测全过程的，不仅仅是运用质控物对测量过程的监控，还应监视从提出监测申请、样本处理（采集、运送、接收）到监测报告发出的整个过程。外部质量控制是指通过外部力量的影响提高实验室的质量，包括参加室间质评，介绍监管机构的检查及建议等。质量改进是指实验室通过一系列活动使满足各方质量方面要求的能力得到增强。

GB/T 19001—2000《质量管理体系标准》对质量管理体系的定义是："在质量方面指挥和控制组织的管理体系"；"建立方针和目标并实现这些目标的体系"。"相互关联或相互作用的一组要素"。综合起来，连续自动监测系统运营实验室质量管理体系是指指挥和控制实验室建立质量方针和质量目标的相互关联或相互作用的一组要素。ISO/IEC 17025《检测和校准实验室能力的通用要求》对质量管理体系进行了定义："为实施质量管理所需的组织结构、程序、过程和资源。"

9.5.2 质量管理体系的组成

按照 ISO/IEC 17025 的定义，质量管理体系由组织结构、程序、过程和资源组成。

9.5.2.1 组织结构

组织结构是指一个组织为行使其职能，按某种方式建立的职责权限及其相互关系。其目的是为实现质量方针、目标。对于连续自动监测系统运营实验室来说，其内涵是实验室内所有对质量有影响的人员的职、责、权方面的机构体系。组织结构是质量管理体系的基础。

9.5.2.2 程序

程序是为进行某项活动所规定的途径。为实行规范化管理，实验室应为其每一项可能对质量产生影响的活动进行设计和协调，即形成程序。程序包括管理性和技术性两种。所有程序都应做到明确、具体、可行，要规定该程序的执行主体即谁来执行，执行途径即如何执行，以及程序执行后预期的结果即应达到何种指标。质量管理体系通常要求各种程序形成书面的文件，即程序性文件。对于连续自动监测系统运营实验室，管理程序性文件多为各种规章制度、各级人员岗位职责等；技术性程序文件通常是各种作业指导书或操作规程，以及各种相关的记录、表格等。

9.5.2.3　过程

所谓过程是指将输入转化为输出的一组彼此相关的资源和活动。可以看出过程事实上就是利用现有资源，通过一系列活动将输入转化为输出。质量管理是通过对过程的管理来完成的。一个大的过程通常可以分解为一系列相关的子过程。对于连续自动监测系统运营实验室来说，其输入就是烟气的采样，输出为出具的检测报告及与之相关的信息。这个过程可分为监测前、监测中和监测后三个子过程，前一过程的输出作为下一过程的输入而影响其输出质量，因此实验室必须对全过程进行质量控制，即全面质量控制。

9.5.2.4　资源

资源包括人员、设备、设施、资金、技术和方法等。质量管理体系要求对资源进行合理配置。实验室应该基于自身所具有的资源建立质量管理体系，而不应无视自身资源水平，盲目追求高标准反而难以使现有资源配置达到最优化，而无法满足质量要求。质量管理体系的四要素：组织结构、程序、过程和资源是相互独立又彼此依存的。组织结构是体系的基础，各种程序必须基于明确而完善的组织结构才能完成，而程序和过程是密切相关的，只有完善的程序文件才能保证各种过程的高质量运行，同时对各种过程进行质量控制才能满足程序规定的质量目标，而最终的质量还取决于投入的资源及其配置是否合理。

9.5.3　质量管理体系的建立

9.5.3.1　现状调查

要建立符合标准的质量管理体系，首先要对实验室的现状进行调查和分析。调查的目的是为了合理选择质量管理的要素，进行质量目标的定位。调查和分析的具体内容包括：实验室已有的质量管理体系情况，监测结果达到何种要求，实验室的组织结构，监测设备，人力资源等。通过调查和分析，为下一步的质量策划作准备。

9.5.3.2　策划及准备

质量策划是成功建立质量管理体系的关键，尤其在我国现阶段，大多数连续自动监测系统运营实验室对质量管理体系的认识还不够充分，更没有建立质量管理体系的经验。大多数运营人员对于很多基本的概念、标准、方法甚至目的都缺乏了解。因此在建立质量管理体系的初期要对全员进行教育培训，让每个成员对质量体系的概念、目的、方法和所依据的原理和相关标准有充分的认识。对于管理层，要让他们全面了解质量管理体系的内容；对于执行层，主要培训与本岗位质量活动有关的内容。

9.5.3.3　确立质量方针和目标

质量方针是由连续自动监测系统运营实验室负责人授权正式发布的与质量有关的总的意图和方向，通常是宏观的、定性的。它是质量目标制定的依据和框架，是质量目标持续改进的方向指南。质量目标是实验室在质量方面追求的目的，可以理解为最终要达到的质量标准。它通常涵盖以下内容：计划提供的服务范围（监测项目、运营项目、咨询等）；管理层制定的服务标准以及服务承诺；所有的运营人员熟悉并遵守该运营实验室质量管理体系文件规定的承诺；运营实验室保证具有良好职业行为、合格的运营质量以及所有活动符合质量管理体系规定的承诺；实验室管理层对遵守质量管理体系的承诺。

9.5.3.4　组织结构的确定和资源配置

运营实验室应精心规划专业组设置，妥善配置资源，规定人员职责，协调各专业组，各部门各岗位的相互关系。组织结构可以用结构图辅以文字说明来描述。不同类型和规模的实验室其组织结构也不尽相同，但原则是必须明确要设立的岗位，详细描述这些岗位的职责，并为其配给相应的资源。按照 ISO 17025 对于实验室负责人的职责要求包括：

① 配备、授权实验室成员履行各自职责时所需的权利、仪器、试剂、设施、场地、资金等；

② 负责建立实验室人事、业务管理制度，确保实验室的质量管理体系能持续有效地运行，对实验室全体人员的行为进行规范（做到奖惩分明、公平公正）；

③ 负责制定政策和程序，保证其对外部的公正性和诚实性承诺能付诸实施；

④ 负责制定信息保护管理制度，保护与排污企业和其人员利益相关的机密信息，保护与运营实验室本身利益相关的机密信息；

⑤ 负责各专业的设置和人员配备，协调与其他相关方的关系；

⑥ 负责对内部所有人员职责、权利和相互关系做出规定；

⑦ 负责建立咨询服务管理程序和人力资源管理程序，设立人员培训和监督机构；

⑧ 设立负责管理技术运作的技术负责人，并授予相应的职责和权利；

⑨ 任命一名管理和监督质量体系有效运行的质量主管（质量负责人），并授予其相应的职责和权利，规定其直接对实验室负责人负责，其工作不受实验室内其他机构和个人的干扰；

⑩ 负责任命所有的关键职能代理人。实验室所指定的其它关键职能人员应有清晰明确的职责描述。这些关键职能岗位可能包括：质量负责人、技术负责人、专业组长、内部质量体系审核人员、人员教育培训负责人、质量监督员、文档管理员、试剂及消耗品管理员、安全管理员等。需要注意的是，岗位不能漏人，即实验室设置了该

岗位，就不能没有相应的人员。这些职能不必每岗一人，可以根据实际情况一人可兼多岗。

除了对这些管理岗位的职责进行定义外，还应对参与监测和运营的各级人员进行任职条件、工作内容、职责和权利进行描述。包括样品接受登记人员，标本处理人员、项目检测人员、报告审核人员、保洁人员等，使具体岗位人员明确其活动范围、职责和权限。

9.5.3.5　编制质量体系文件

编制质量体系文件是建立质量管理体系过程中的一项重要工作。质量体系文件是质量体系存在的基础和依据，也是体系评价、改进、持续发展的依据。质量体系文件一般分为三个层次：质量手册、程序性文件、作业性文件。质量手册位于质量体系文件的顶层。它是阐明实验室的质量方针并描述其整个质量体系的文件，是全部质量体系文件的核心，是质量体系建立和运行的纲领。质量手册应从质量体系四个要素（组织结构、程序、过程和资源）入手，对质量管理体系进行描述。

程序文件是对完成各项质量活动的方法所作的规定。其应对各种可能影响质量的活动进行策划和管理，但不涉及纯技术性的细节，这些细节应在作业指导书中加以规定。作业指导书是规定某项工作的具体操作程序的文件。也就是实验室常用的"操作规程"。

9.5.4　质量管理体系的实施

质量管理体系不是形象工程，各种质量管理体系文件也不应成为实验室的摆设。实验室所有人员应该依据质量体系文件的要求，切实履行自身职责，保证整个体系的有效运行。实验室管理层应保证质量体系文件被相关人员接收并充分理解。质量手册是质量管理体系的核心和纲领，应该被所有实验室成员理解和执行。相关人员的所有可能对最终质量产生影响的活动都应按照相关的程序文件或作业指导书的规定进行。应开展有效的质量控制（包括内部质量控制和外部质量评价），参加有组织的实验室间比对或能力验证活动，在实验室质量管理体系中占着极其重要的地位。质量控制是质量管理体系实施过程中的核心部分，只有通过完善的质量控制才能满足实验室的质量要求。一个行之有效的质量管理体系应该是实验室的服务对象、实验室自身和实验室供应方三方满意的三赢局面。

9.5.5　质量管理体系的持续改进

一个完善建立的质量管理体系不仅能有效运行，还应得到持续改进，使实验室满足质量要求的能力得到加强。实验室可以通过内外两方面因素来促进质量体系的改进。外部方面，可以通过与监测站、排污企业、CEMS生产企业等的沟通，接受外部组织对实验室质量的评价等途径收集外部信息；内部方面，可以通过内部审核程序，定期对质量管理体系的运行状况进行自我评价，结合外部信息对整个体系做出改进。

质量改进是一个持续不断的过程，通过不断的改进使实验室始终处于能高效满足各方质量要求的状态。

9.6 实验室质量保证

实验室内部质量控制和实验室外部质量控制，其目的是把监测分析误差控制在容许限度内，保证测量结果有一定的精密度，使分析数据在给定的置信水平内，有把握达到所需求的质量。

实验室内质量控制是实验室分析人员对分析质量进行自我控制的过程。如依靠自己配制的质量控制样品，通过分析，应用质量控制图或其他方法来控制分析质量。主要反映的是分析质量的稳定性如何，以便及时发现某些偶然的异常现象，随时采取相应的校正措施。

实验室间质量控制又称外部质量控制，是指由外部的第三者，如上级监测机构，对实验室及其分析人员的分析质量定期或不定期实行考察的过程。一般采用密码标准样品来进行考察，以确定实验室报出可接受的分析结果的能力，并协调判断是否存在系统误差，检查实验室间数据的可比性。

9.6.1 实验室内质量控制

9.6.1.1 均数控制图

在日常的环境监测工作中，为了连续不断的监视和控制分析测定过程中可能出现的误差，可采用质量控制图。

质量控制图编制的原理：分析结果间的差异符合正态分布。

质量控制图坐标的选定：以统计值为纵坐标，测定次数为横坐标。

质量控制图的基本组成：中心线、上下辅助线、上下警告限、上下控制限。

质量控制样品的选用：质量控制样品的组成应尽量与环境样品相似；待测组分的浓度应尽量与环境样品接近；如果环境样品中待测组分的浓度波动较大，则可用一个位于其间的中等浓度的质量控制样品，否则，应根据浓度波动幅度采用两种以上浓度水平的质量控制样品。

质量控制图的编制步骤：

(1) 测定质量控制样品，大于 20 个数据，每个数据由一对平行样品的测定结果求得，计算：

$$\bar{x}_i = \frac{x_A + x_B}{2}$$

(2) 求出它们的平均结果和标准偏差：

$$\bar{\bar{x}} = \frac{\sum \bar{x}}{n}, \quad S = \sqrt{\frac{\sum (\bar{x}_i - \bar{\bar{x}})^2}{n-1}}$$

（3）计算统计值并做质量控制图：

$$\bar{x}\text{——中心线}$$

$$\bar{x} \pm S\text{——上下辅助线}$$

$$\bar{x} \pm 2S\text{——上下警告线}$$

$$\bar{x} \pm 3S\text{——上下辅助线}$$

（4）将 20 个（或 >20 个）数据按测定顺序点到图上，这时应满足以下要求：

① 超出上下控制线的数据视为离群值，应予删除，剔除后不足 20 个数据时应再测补足，并重新计算 $\bar{x}$、S，并做图，直到 20 个数据全部落在上下控制线内；

② 上下辅助线范围内的点应多于 2/3，如少于 50%，则说明分散度太大，应重做；

③ 连续 7 点位于中心线的同一侧，表示数据不是充分随机的，应重做。

（5）质量控制图绘成后，应标明测定项目、质量控制样品浓度、分析方法、实验条件、分析人员及日期等。

9.6.1.2 质量控制图的使用

使用质量控制图时，要求逐项在测定环境样品的同时，测定相应的质量控制样品，并将控制样品的同时，测定相应的质量控制样品，并将控制样品的测定结果点到质量控制图上，以评价当天环境样品的测定结果是否处于控制之中。熟练的分析人员可间隔一定时间。

如果点落在 $\bar{x} \pm 2S$ 内，说明测定过程处于控制状态。

点落在 $\bar{x} \pm 2S$ 和 $\bar{x} \pm 3S$ 之间，应引起重视，初步检查后，采取相应纠正措施。

点落在 $\bar{x} \pm 3S$ 之外，说明当天测定过程失控，应立即查明原因，纠正重做。

若连续 7 点上升或连续下降，表示有失控倾向，应查明原因，纠正重做。

9.6.2 常规监测质量控制

9.6.2.1 空白实验值

① 一次平行测定至少两个空白试验值

② 平行测定的相对偏差不得大于 50%

③ 在痕量或超痕量分析中有空白试验值控制图的，将所测空白实验值的均值点入图中，进行控制。

9.6.2.2 平行双样

① 随机抽取 10%～20% 的样品进行平行双样测定。（当样品数较小时，应适当增加双样测定率，无质量控制样品和质控图的监测项目，应对全部样品进行平行双样测定。）

② 将质控样品平行测定结果点入质控图中进行判断。

③ 环境样品平行测定的相对偏差不得大于标准分析方法规定的 $d_{相对}$ 的 2 倍。

④ 全部平行双样测定中的不合格者应重新作平行双样测定；部分平行双样测定的合格率小于95%时，除对不合格者重做平行样外，应在增加测定10%～20%的平行双样，直至总合格率大于等于95%。

9.6.2.3 加标回收率

① 随机抽取10%～20%的样品进行加标回收率的测定。

② 有质控图的监测项目，将测定结果点入图中进行判断。

③ 无质控图的监测项目，其测定结果不得超出监测分析方法中规定的加标回收率的范围。

④ 无规定值者，则可规定目标值为95%～105%。

⑤ 当超出目标值95%～105%时，计算 $P_{上限}P_{下限}$，并加以判断。

⑥ 当合格率小于95%时，除对不合格者重新测定外，应再增加10%～20%样品的加标回收率，直至总合格率为大于等于95%。

9.6.3 实验室间质量控制

实验室间质量控制的目的是：提高各实验室的监测分析水平，增加各实验室之间测定结果的可比性；发现一些实验室内部不易核对的误差来源，如试剂、仪器质量等方面的问题。

外部质量控制的方法通常是采用由上级监测机构对下级监测机构进行分析质量考核。在各实验室完成内部质量控制的基础上，由上级监测中心或控制中心提供标准参考样品，分发给各受控实验室。各实验室在规定期间内，对标准参考样品进行测定，并把测定结果报监测中心或控制中心。然后由监测中心将测定结果作统计处理，按有关统计量评价各实验室测定结果的优劣。考核成绩合格的实验室，其监测数据才被承认或接受；对于不合格的实验室，要及时给予技术上的帮助和指导，使之提高监测分析质量。

9.7 标准分析方法和分析方法的标准化

9.7.1 标准分析方法

一个项目的测定往往有多种可供选择的分析方法，这些方法的灵敏度不同，对仪器和操作的要求不同；而且由于方法的原理不同，干扰因素也不同，甚至其结果的表示涵义也不尽相同。当采用不同方法测定同一项目时就会产生结果不可比的问题，因此有必要进行分析方法标准化活动。

标准分析方法又称分析方法标准，是技术标准中的一种，它是一项文件，是权威机构对某项分析所作的统一规定的技术准则和各方面共同遵守的技术依据，它必须满足以下条件：

① 按照规定的程序编制；

② 按照规定的格式编写；

③ 方法的成熟性得到公认，通过协作试验，确定了方法的误差范围；

④ 由权威机构审批和发布。

编制和推行标准分析方法的目的是为了保证分析结果的重复性、再现性和准确性，不但要求同一实验室的分析人员分析同一样品的结果要一致，而且要求不同实验室的分析人员分析同一样品的结果也要一致。

固定污染源废气中气态污染物的采样、分析、颗粒物的采样分析以及烟气参数测定的标准分析方法见表 9-1。

表 9-1　标准分析方法

监测种类	标准分析方法名称	标准号	归　类
颗粒物	固定污染源排气中颗粒物测定与气态污染物采样方法	GB/T 16157—1996	重量法 A
温度	固定污染源排气中颗粒物测定与气态污染物采样方法	GB/T 16157—1996	玻璃水银温度计 A 热点偶温度计 A 电阻温度计 A
湿度	固定污染源排气中颗粒物测定与气态污染物采样方法	GB/T 16157—1996	重量法 A 冷凝法 A 干湿球温度计法 A
压力	固定污染源排气中颗粒物测定与气态污染物采样方法	GB/T 16157—1996	
流速	固定污染源排气中颗粒物测定与气态污染物采样方法	GB/T 16157—1996	皮托管法 A
二氧化硫	固定污染源排气中二氧化硫的测定-碘量法	HJ/T 56—2000	碘量法 A
	固定污染源排气中二氧化硫的测定-定电位电解	HJ/T 57—2000	定电位电解 A
			自动滴定-碘量法 B
			非分散红外法 B
氮氧化物	固定污染源排气中氮氧化物的测定-盐酸萘乙二胺分光光度法	HJ/T 43—1999	盐酸萘乙二胺分光光度法 A
	固定污染源排气中氮氧化物的测定-紫外分光光度法	HJ/T 42—1999	紫外分光光度法 A
			定电位电解 B
			非分散红外法 B
氧	固定污染源排气中颗粒物测定与气态污染物采样方法	GB/T 16157—1996	奥氏气体分析法 A
			电化学法 B
			氧化锆法 B
			热磁式 B
			磁力机械式 B

9.7.2 分析方法的标准化

标准是标准化活动的结果，标准化工作是一项具有高度政策性、经济性、技术性、严密性和连续性的工作，开展这项工作必须建立严密的组织机构。由于这些机构所从事工作的特殊性，要求它们的职能和权限必须受到标准化条例的约束。

标准化工作一般程序是：

① 由一个专家委员会根据需要选择方法，确定准确度、精密度和检测限指标；

② 专家委员会指定一个任务组（通常是有关的中央实验室负责），任务组负责设计实验方案，编写详细的实验程序，制备和分发实验样品和标准物质；

③ 任务组负责抽选6～10个参加实验室，其任务是熟悉任务组提供的实验步骤和样品，并按任务要求进行测定，将测定结果写出报告，交给任务组；

④ 任务组整理各实验室报告，如果各项指标均达到设计要求，则上报权威机构出版公布；如达不到预定指标，需修正实验方案，重做实验，直到达到预定指标为止。

9.8 CEMS质量保证

若希望CEMS在持续的基础上提供有质量的数据，则对CEMS开发质量保证程序是不可或缺的。没有质量保证程序，CEMS数据可能没有足够的质量符合管理的要求，并且可能总是存在问题。

CEMS的质量控制由几个阶段构成，主要包括适用性检测、购买、安装、验收、运行、审核等（图9-2）。

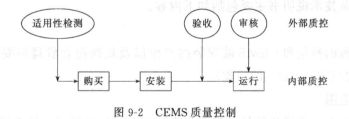

图 9-2 CEMS质量控制

9.8.1 购买的质量控制

通常，排污企业总是期望以最适合的成本购买、安装并运行最好的系统。最好的系统必须综合考虑安装点位、烟气条件以及排污企业特殊的情况（如维护人员数量、素质以及资金等）。因此不能强调某一类原理的系统优于另一类。在一个污染源安装运行较好的系统并不一定在其它污染源也运行良好。最适合的成本并不意味最低的成本，购买一个低成本的系统可能导致排污企业要在维护和修理上有更多的花费。所以，在系统的质量和维护的成本上应根据排污企业自身的情况达到一个平衡。出于这些原因，CEMS 的选择和评价总是在个案的基础上。基本而言，CEMS 的选择和安装应在以下三个方面重点考虑：

　　① 信息的收集和评价；

　　② 安装系统的技术说明；

　　③ 保持记录。

9.8.1.1　信息的收集和评价

　　排污企业在购买 CEMS 之前，应收集相关信息并对此信息进行评价，以最终确定污染源应安装哪一类原理的 CEMS。

　　收集的信息主要包括以下方面：

　　① 目前 CEMS 的基本技术状况和特点；

　　② 质检中心的适用性检测报告；

　　③ 各 CEMS 生产企业的基本情况及其 CEMS 的性能技术指标；

　　④ 拟安装点位的基本情况和烟气排放的基本状况；

　　⑤ 同类排污企业安装 CEMS 的情况。

9.8.1.2　安装系统的技术说明

　　信息的收集和评价后，应能确定选择那种类型的 CEMS（直接抽取、稀释抽取、直接测量、非分散红外、非分散紫外、紫外差分等）。在此基础上，排污企业应准备一套详细的安装技术说明书并分发给 CEMS 生产企业，CEMS 生产企业应为此项目提供技术和成本花费的提案。最终，排污企业应根据各 CEMS 生产企业的提案确定安装某一类型号的 CEMS。一套完整的安装技术说明书在 CEMS 的采购过程中是一个极为重要的质控行为，也是排污企业获得期望 CEMS 的基础。

　　CEMS 安装技术说明书主要包括如下内容。

　　（1）目的

　　明确污染源的数量和 CEMS 被安装的点位以及最终符合管理的要求（通常应通过环保局按 HJ/T 75—2007 的验收）。

　　（2）工作范围

　　CEMS 生产企业提供的硬件和服务列表清单。硬件包括基本的系统配置、要求的分析仪数量等，服务可包括安装、调试、培训和持续的维护。

　　（3）其他方提供的设备和服务

　　CEMS 生产企业不提供的装备和服务列表清单，可包括诸如电梯、通道、旋梯、平台、电源或电缆电线供应、监测小屋或标准气体等。排污企业提供的服务可包括配合 CEMS 生产企业对 CEMS 进行安装和调试并负责验收。

　　（4）操作条件描述

　　取样点位的环境和烟气条件描述。取样孔、平台和梯子（旋梯、之字形梯）的图示。烟气特性诸如湿度、流速、温度、烟气成分及其浓度。

（5）设计标准

CEMS 以及安装和建设时的详细技术描述。CEMS 的量程、漂移、响应时间等技术说明，安装建设时应遵循的标准、管理规定和法规，样气或其它单元对测量的干扰以及数据的报表格式等。

（6）排污企业的验收检查和测试

排污企业验收的列表清单，包括排污企业最终的检查和验收条款、性能保证和系统可用的要求。

（7）归档资料

归档资料的列表清单，包括系统流程图、线路图、操作手册、维护说明书、数据处理软件的操作说明以及运行的质量保证质量控制程序等。

9.8.1.3　保持记录

从信息的收集和评价至 CEMS 的整个生命周期，相关的档案资料均应保存。在CEMS 的选型过程中，至少 CEMS 生产企业的基本情况、电话号码、安装提案、仪器选型的会议备忘录、安装技术说明书等均应保存。

9.8.2　运行维护

在实际应用中，成功的 CEMS 均伴有质量保证和质量控制程序。验收通过后，对 CEMS 性能的关心并没有结束，而必须在其整个生命周期内都必须关心。只有对CEMS 进行相应的质控程序才能得到有质量的数据。

HJ/T 75—2007 第八部分和第九部分实际上构成了 CEMS 质量控制的最低要求，其它的程序也可以被构造以保证进一步加强 CEMS 数据的准确性和精密性。

9.8.2.1　质控计划

一份质控计划表达污染源操作者质量保证计划的思想和方式。质控计划是极为重要的，因为它构造了执行质控行为的程序，那些质控行为实际上构成了一套标准操作程序，此标准操作程序被纳入质量保证手册，质量保证手册需提供 CEMS 的系统描述、公司质量保证政策，并详述 CEMS 质量控制和审核程序。

质量保证手册是一份工作文档，表 9-2 给出了质量保证的最低要求。

每个污染源拥有者或操作者应为每套 CEMS 开发质量保证计划。质量保证计划应随同验收一同提交。验收测试同时也验证质量保证计划是否可行。下面是质量保证计划的必备内容。

（1）背景信息

① 燃烧单元的识别和描述；

② 可用的管理和监测要求识别；

表 9-2　质控手册

质量保证计划	标准操作程序
1. 质量方针和质量目的	1. 开始和操作
2. 文档控制系统	2. 每天的系统检查和预防性维护
3. CEMS 管理法规和 CEMS 的描述	3. 校准程序
4. 组织和责任	4. 预防性维护程序
5. 工厂、装备和零部件清单	5. 更正维护程序
6. 方法和程序——分析和数据获得	6. 审核程序 1—— 线性度审核
7. 校准和质量检查	7. 审核程序 2——相对准确度测试审核
8. 维护——预防	8. 系统审核程序
9. 系统审核	9. 数据备份程序
10. 性能审核	10. 培训程序
11. 更正行为计划	11. 系统安全性
12. 修复	12. 数据报告程序
13. 参考	附录
	1. 工厂的操作许可
	2. CEMS 性能和规则
	3. 参比测试方法
	4. 空白表格

③ 监测仪器的识别和描述；

④ 测量位置和取样孔的描述；

⑤ 数据记录和处理单元的描述。

这些信息是随时根据情况更新的，确保用户和环保局意识到相关信息的变更以及目前监测程序所处的状态。

（2）CEMS 的校准程序

应解释监测装备是怎样被调整以提供正确的响应，在初始和修复或更正之后。此程序应说明各组件和整系统的校准。这些程序也应区分预先被设定的参数（转换因子、湿度等），这些参数对系统的基本校准是极为重要的。证实相关数据折算、转换公式的正确性的程序也应包括在内。

（3）例行（每天）零点和跨度检查程序以及超过漂移的调整程序

系统的每天校准程序应描述如下细节：

① 标准气体从哪里被引进测量系统；

② 校准时标准气体的流量和压力怎样确定并被保持，使用注射泵时，注射气体的流量和压力怎样确定和保持；

③ 标准气体被引入的时间？

④ 数据处理和显示设备的响应；

⑤ 解释此数据的任何必须程序；

⑥ 决定是否调整系统的标准；

⑦ 当调整需要时，所采取的一系列行为。

以上信息应包括标准气体供应商的基本情况、标准气体标称值、不确定度、有效期、钢瓶号等，必要时可提供确定标准气体标称值的分析方法。

备用 CEMS 例行每日的检查和校准也需要提供以上信息，并提供在什么情况下，备用 CEMS 可以投入使用（备用 CEMS 也应通过验收）。

（4）线性度和相对准确度审核程序

应提供在具体某一现场，线性度和相对准确度是如何进行的。标准气体供应商的基本情况、标准气体标称值、不确定度、有效期、钢瓶号等信息应描述，并提供基本的判断，标准气体是否可用。以上（3）中的程序也应提供。对于相对准确度测试，所使用的标准分析方法、取样孔和取样点、取样持续的时间、将参比方法数据转换至标态下的计算程序、CEMS 数据的解释和计算程序等均应说明。

（5）质量控制程序（每天和定期的系统或部件性能检查程序、预防性维护程序、零部件清单等）

不同类型的 CEMS 以及不同的污染源状况，应具有不同的质量控制程序。详细的书面程序和相关的数据表格有助于发现正在发展中的问题。最低预防性维护程序通常由系统供应商提供并应纳入质量保证计划。现场可用零部件的数量依赖数据有效率要求、发货时间以及零部件故障的概率；零部件使用的历史情况可以作为参考。质量控制程序也应解释与 CEMS 数据相关的各组织的责任。

（6）CEMS 数据处理程序

① 应准确详细描述 CEMS 是如何处理的：

② 因漂移而修正数据的方法；

③ 数据平均程序；

④ 剔出无效数据的方法以及小时平均数据的计算方法；

⑤ 实际浓度转换为标态浓度以及折算浓度的计算公式、常数、假设等；

⑥ 过程控制系统（脱硫除尘设施）的数据记录；

⑦ 记录 CEMS 断电、调整合修复的条款；

⑧ 评价和编辑数据的程序

记录的形式、记录的表格、记录存放的地点以及向环保局提交的报告均应说明。与记录相关的个人或组织的责任。

9.8.2.2   质控行为

对于 CEMS（气体或颗粒物系统）应该有 3 个水平的质控行为。

水平 1：操作检查（每天的检查、观察和调整）。

水平 2：例行维护（定期的预防性维护）。

水平 3：审核。

操作检查是在例行（每天）基础上进行的一些程序，决定 CEMS 性能是否仍正常，包括每天的零点和校准检查以及系统操作的视觉上检查，诸如：真空表、压力计、转子流量计、控制面板的灯光等。

例行维护是在有规律的间隔内进行的程序，包括更换滤膜、泵膜、调教泵、更换光源等。依赖于系统的组件，维护周期可以是 30 天至一年不等。

性能审核提供系统操作检查，审核可以发现问题，并识别出提高预防性维护的需要，或警告操作者需要进行更正维护。

操作检查和例行维护均是预防性维护行为，确保系统的功能。更正性维护行为（非例行维护）在系统或部分系统处于失控状态下进行。例行维护检查时系统失控可能发生，或性能审核时系统失控可能发生。经验以及预防性维护程序应使操作者具有能力预测系统组件失控的概率。预防性维护计划应根据系统失控情况而调整，以尽量降低系统失控的次数。

9.8.2.3　校准漂移检查

CEMS 系统的校准应每 24 小时进行一次，要么手动要么自动。校准检查在两个浓度水平上：低浓度水平（零或跨度值的 0～20％）和高浓度水平（跨度值 50％～100％）。对于气态污染物和颗粒物均应如此。

操作者不必每天都调零和校准，可能由于系统噪声，小的漂移是正常的。通常应用控制图（图 9-3）记录漂移情况，图上相应的漂移限制被明确。HJ/T 75—2007 和 HJ/T 76—2007 提供了漂移控制限。

对于校准漂移的自动调整，调整前后的浓度值均应记录，调整的量也应记录。许多系统的调整仅仅是计算机数据的调整，并没有对物理量上的电位差计或仪器控制本身进行调整，实际上的调整应由操作者来完成。在如此情况下，计算机应内置警告系统以便提醒操作者调整。

对于连续校准漂移的失控条件也被定义。低浓度和高浓度校准检查结果连续 5 天超过规范要求的 2 倍或任意一天单次校准检查结果超过规范的 4 倍，则进入失控期。失控期内，数据是不可接受的。

9.8.3　审核

审核是对 CEMS 的评审，目的是决定系统工作是否正常，对于 CEMS，有两个基本的审核程序：系统审核和性能审核。

系统审核是一个定性的评价，通常被环保局的监督人员或运营公司人员进行。在此过程中，系统操作状态被评价和记录，数据也被评审，是系统操作和系统管理的检查。

性能审核是一个定量的评价，比系统审核更为详细，通常被受过训练的环保局监督人员或运营公司的质控人员进行。性能审核包括测试系统，使用手工参比方法、自动参比方法、标准气体或其它参比物质诸如校准滤光片或标准溶液。性能审核要求一

排污企业：_____　运营企业：_____
系统型号/系列号：_____　操作原理：_____
分析仪量程：_____　零气（钢瓶号）：_____　跨度气体（钢瓶号）：_____

日期时间														
零气响应值														
零点漂移														
跨度气体浓度														
跨度气体响应值														
跨度漂移														
跨度检查														
零点检查														
是否校准和调整														

图 9-3　漂移控制图

系列的审核装备和物质，其目的是对影响系统准确性的问题给与定量评价。

CEMS 系统审核的方式有多种，但审核的深度主要依赖两个因素：1）检查者的经验；2）评审的时间。

CEMS 的系统审核包括对系统所有主要零部件的检查，主要包括：

① CEMS 系统安装位置的巡视，系统布局和条件评价；

② 操作状态的评价；

③ 数据和记录的评价。

质量保证手册可以作为评审的工具。事实上，质量保证手册使评价变得较为容易。审核者可以根据手册从一部分到另一部分审核，询问质量控制程序是否被进行，数据的基本情况等。文档可以包括检查清单、日志、管理报告或测试报告。质控手册和实际操作将会有较大的差距。

9.8.4　CEMS 的现场巡视

现场巡视从探头到数据的输出，均应被检查，审核之前，审核者应对系统有一个基本的全面了解。有许多内容需要巡视，应列出巡视清单。伴随巡视，检查清单应给出相应的评价。以下是一些例子。

9.8.4.1　系统布局

① 系统布局是和它初始验收时一样吗？

② 系统布局是和它上次审核时一样吗？

③ 有任何的更改吗，或有任何可能影响系统性能的更改吗？

④ 上次验收或审核或有任何主要零部件的更换吗，分析仪和适用性检测或上次验收时一样吗（检查型号和系列号）？

9.8.4.2　系统布局——烟囱或烟道安装点

要求打开防护性护板、仪器柜门等。

（1）接近通道和现场条件

① 进入现场困难吗？电梯工作吗？维护人员每天检查一次现场吗，还是一周一次，或从不检查？

② 现场的防护性？维护人员维护的外部条件，烟道上？烟囱上？

③ 现场有检查的痕迹吗？法兰上是否有尘或飞灰？

④ 上次审核以来，环境温度变换情况，是高还是低？

⑤ 上次审核以来，振动情况怎样，是高还是低？

⑥ 烟气静压？

⑦ 现场有沉积的雨水吗？设备上是否有雨水，雨水是否能进入系统？

⑧ 现场飞灰积成堆了吗？

⑨ 现场环境条件怎样？梯子上是否有飞灰？是否感觉到有污染气体存在？环境

污染物浓度影响 CEMS 的安装吗？

（2）探头或分析仪的安装目视怎样？清洁？脏？极好的维护？

① 颗粒物或飞灰在系统内单元上很多吗？

② 螺栓锈死在法兰上吗？是否曾经移动过探头或曾经清理过？

③ 各单元腐蚀了吗？

④ 塑料或橡胶组件的情况怎样？垫圈、伴热管线外护套、管线、电缆等？

（3）探头本身看起来怎样（有时需要从另一端看探头）

① 它是黑的，很明显被颗粒物冲击过？

② 湿、黏的颗粒物曾黏附在探头上吗？

③ 探头下垂吗？

④ 探头随气流抖动吗？

（4）烟道上仪器条件怎样？

① 反吹气体是否被过滤清洁，有压缩机供应反吹气体吗？

② 防护性护罩是否密封？

③ 操作指示以及警告灯状态？

④ 记录仪表的显示值和时间，是否和控制室内一致？

（5）标准气体

① 记录标准气体钢瓶号和标签信息（浓度值、生产厂商、日期、不确定度等），是否在有效期内？

② 记录标气钢瓶内压力（和初始压力对比）

③ 针阀腐蚀或漏气吗？酸性气体应使用正确的装置。

④ 气体管线和减压阀装置的情况怎样？腐蚀或被损坏了吗？

（6）观察校准的操作过程和反吹的过程

（7）颗粒物系统

① 准直性（检查准直信号）；

② 气幕管线情况（裂、漏气）；

③ 反吹气压缩机情况（马达噪声、振动等）；

④ 反吹气过滤系统；

⑤ 电缆情况；

⑥ 防护罩情况。

（8）其他情况。

① 垃圾？

② 工具、仪器手册以及测试设备等？

9.8.4.3　系统条件——样气管线和电缆

① 从探头至分析小屋管线至少倾斜 5°吗？

② 管线有任何纽结吗？

③ 样气管线和其它样气管线接触吗？

④ 有任何非加热部分吗？（伴热管线的对接部分、刚出探头部分、进入分析小屋部分）

⑤ 电缆被正确引出并保护了吗？

⑥ 电缆被正确地和电力线接在一起码？是否接近发电机或强磁场？

⑦ 无论加热管线还是非加热管线，整体状况怎样？腐蚀、脆裂、脏？曾经被破坏、剪切或修复吗？

9.8.4.4　分析小屋或控制室审核

系统巡视结束于分析小屋，分析小屋内包含样气处理系统（抽取式系统），分析仪控制面板和分析仪。

审核者应从产品说明书或质量保证手册上明确系统操作的正确方法，在此点上，运营维护人员解释仪器的维护日志并描述例行的系统维护程序。所有的维护行为应在维护日志内或质量保证手册内全面检查，以判断构造起的程序是否被执行。

分析小屋内的审核检查清单如下。

（1）系统样气处理——样气处理（直接抽气式）

跟踪伴热管线（取样管线）至样气处理单元或分析仪，尽量明白系统在此点是如何工作的，注意以下方面。

① 样气进入处理系统的压力，正压还是负压？

② 何种类型冷凝器？电子冷凝器、压缩机制冷或渗透管除水？

③ 冷凝水如何从样气处理部分被去除？冷却水如何被移走？污染物气体在冷凝水内被吸收或吸附的可能性？冷凝罐内是否长有藻类？

④ 冷凝水的排水管位置，若排向室外，冬季是否结冰？

⑤ 系统包含湿度超限传感器吗？怎样工作？

⑥ 冷凝液体能够在特氟隆管内看到吗？

⑦ 管线是很整齐地或杂乱地被安排？有特别的指示说明吗？

⑧ 零部件、阀等腐蚀或泄漏吗？

⑨ 微细颗粒物过滤器的工作状态怎样？清洁或脏？经常被更换吗？最后一次更换的时间？

⑩ 取样泵的工作状态怎样？腐蚀？噪声？泄漏？泵膜和轴承最后一次更换的时间（从维护日志上证实）。

⑪ 样气流量和压力？与最后一次审核的读数一致吗？符合操作规范和质量保证手册的规定吗？

⑫ 使用分配器将样气分配至不同的分析仪吗？

⑬ 废气排放管线位置？

（2）分析仪控制面板和分析仪

① 分析仪面板上灯、指示和报警灯的状态？

② 记录各分析仪的读数？

③ 记录零点和跨度控制的设置（便于和历史数据对比）？

④ 记录各测试参数的值，如：灯电压、电流值等（若不干扰分析仪操作数据记录）？

⑤ 对于颗粒物系统，明确相关系数是多少？怎样被设置的？校准滤光片情况？

a. 有效光程距离？（烟道尺寸）

b. 烟道直径是如何确定的？

c. 光程长是用单光程值还是双光程值？

d. 证实内部的跨度滤光片值是多少？查看合适的管理上规范值？

（3）系统操作程序

① 谁对以下情况负责：

a. 系统操作；

b. 校准；

c. 系统预防性维护；

d. 系统的更正性维护；

e. 审核；

f. 报告。

② 询问如下问题：

a. 系统一周内操作维护时间是多少小时？

b. 故障率最高的是什么部件？

c. CEMS 系统供应商售后服务响应如何？零部件供应情况怎样？

③ 要求操作者进行校准，注意以下问题：

a. 操作者熟悉此程序吗？

b. 操作者怎样判断系统处在校准中？

c. 操作者怎样标注这些数据？（日志记录、计算机记录？或都不是）

d. 操作者怎样决定需要校准和不需要校准（使用质控图吗？）

④ 记录校准数据和计算机记录的数据。

⑤ 全面观察质量保证手册提供的程序。

9.8.4.5　记录和数据评审

仔细评审更正性维护的频率、零部件更换的频率、任何特殊的事件。对于气体监测系统，注意标气的起始和实效日期，对于颗粒物系统，注意滤光片改变的频率、窗口清洁的频率和光源跟换的频率。注意任何故障，如果有较多，则应关心系统的性能。文献显示：浊度仪可达 97％ 的时间正常工作，气体系统展示在 90％～95％ 的工作可用性，超过 5％ 的停机时间应进一步调查。

　　每天、每周和每月的检查表格应评审，为了完整性和与系统日志符合的一致性。如果计量值被输入表格，注意在评审期间的任何改变。

　　其它记录，诸如季度内部质量保证审核、性能审核、离线的零点检查或校准误差或漂移测试的重复，均应被检查。

　　数据记录应包括一个周期内的数据。在此记录内，任何超标排放记录均应体现。注意，数据是否加标注，并查阅零点和跨度校准的时间。需注意以下环节：

　　① 丢失数据；

　　② 特殊的噪声或平滑数据；

　　③ 趋势反常的数据；

　　④ 系统和污染源停机时间的注明；

　　⑤ 故障或报警代码。

附录

附录一 连续自动监测系统运营人员国家职业标准
——废气和颗粒物类

1 职业概况

1.1 职业名称

废气和颗粒物连续自动监测系统运营。

1.2 职业定义

在质量控制质量保证要求下，操作废气和颗粒物连续自动监测系统，确保连续自动监测系统正常运转，并使用标准分析方法对污染物质进行分析。

1.3 职业等级和时效

本职业共设三个等级，分别为：初级、中级和高级。

本职业资格初次申请有效期为 3 年，3 年末应重新进行考评，考评通过后有效期为 5 年。

本职业为团队操作，初级和中级人员必须在高级人员指导下开展工作。

1.4 职业环境

室内、外及高处作业，工作场所会存在一定化学试剂、颗粒物、有害气体和噪声。

1.5 职业能力特征

身体健康，具有一定的学习、理解和表达能力，四肢灵活，动作协调，听、嗅觉较灵敏，具有分辨颜色的能力。

1.6 基本文化程度

高中毕业（或同等学力）。

1.7 培训要求

1.7.1 培训期限

全日制职业学校教育，根据其培养目标和教学计划确定。晋级培训期限：初级不少于 200 标准学时；中级不少于 150 标准学时；高级不少于 100 标准学时。

1.7.2 培训教师

培训教师应具有本职业高级以上职业资格证书或高级以上专业技术职务任职资格。

1.7.3 培训场地设备

理论培训应具有可容纳 30 名以上学员的教室；实际操作培训应具有相应的设备、工具和安全设施完善的场地。

1.8 鉴定要求

1.8.1 适用对象

从事或准备从事本职业的人员。

1.8.2 资格条件

1.8.2.1 初级

① 经本职业初级正规培训达规定标准学时，并取得结业证书；

② 在国家环保总局注册并备案。

1.8.2.2 中级

① 经本职业中级正规培训达规定标准学时，并取得结业证书；

② 至少 6 个月的本职业初级资格经历；

③ 在本职业高级资格人员指导下，至少进行过 2 台（套）废气或颗粒物连续自动监测系统的完整运营经历；

④ 个人受训和工作经历的全部文档。

1.8.2.3 高级

① 经本职业高级正规培训达规定标准学时，并取得结业证书；

② 至少 6 个月的本职业中级资格经历；

③ 至少进行过 2 台（套）废气或颗粒物连续自动监测系统的完整运营经历；

④ 个人受训和工作经历的全部文档。

1.8.3 鉴定方式

鉴定分为理论知识考试和技能操作考核。理论知识考试采用闭卷笔试方式，技能操作考核采用现场实际操作方式。理论知识考试和技能操作考核均实行百分制，成绩皆达 60 分以上者为合格。高级资格人员还需进行综合评审。

1.8.4 考评人员与考生配比

理论知识考试考评人员与考生配比为 1∶20；每个标准教室不少于 2 名考评人员；技能操作考核每批次不少于 3 名考评人员；综合评审委员不少于 5 人。

1.8.5 鉴定时间和项目

理论考试时间不少于 90 分钟，技能操作考核项目不低于 3 项，综合评审时间不少于 40 分钟。

1.8.6 鉴定场所设备

理论知识考试在标准教室进行，技能操作考核在现场或计算机仿真系统上进行。

2　基本要求

2.1　职业道德

2.1.1　职业道德基本知识

2.1.2　职业守则

　　① 遵守法律、法规和有关规定；

　　② 爱岗敬业，忠于职守，诚实守信，自觉认真履行各项职责；

　　③ 工作认真负责，严于律己，兢兢业业，吃苦耐劳；

　　④ 努力学习专业知识，刻苦钻研业务技术；

　　⑤ 谦虚谨慎，团结协作，相互尊重；

　　⑥ 严格执行质量、安全健康环保管理制度；

　　⑦ 不断学习，努力创新。

2.2　基础知识

2.2.1　化学基础知识

　　① 无机化学基本知识；

　　② 有机化学基本知识；

　　③ 分析化学基本知识；

　　④ 物理化学基本知识。

2.2.2　质量控制与质量保证基础知识

　　① 质量控制质与量保证基本概念；

　　② 连续自动监测系统的质量控制与质量保证基本概念；

　　③ 仪器的选择、取样、样品处理、分析、数据处理与传输、日常的维护、定期的校准和比对对测试结果的影响；

　　④ 标准物质使用。

2.2.3　连续自动监测系统的基础知识

　　① 连续自动监测系统的基本分类；

　　② 连续自动监测系统的基本设计思路；

　　③ 连续自动监测系统的基本分析原理；

　　④ 手工方法测量颗粒物的基本原理、设计思路；

　　⑤ 连续自动监测系统的基本操作。

2.2.4　标准分析方法基本知识

　　① 分析方法标准化和标准分析方法基本概念；

　　② 颗粒物的测定标准分析方法；

　　③ 气态污染物的采样方法及其标准分析方法。

2.2.5　计量基础知识

　　① 计量及计量单位；

　　② 法定计量单位和国际计量单位；

　　③ 标准状况和排放单位。

2.2.6　电工基础知识

　　① 电工基本概念；

　　② 安全用电知识。

2.2.7　安全与环保基础知识

　　① 典型污染源的污染因子、典型排放浓度及其特性；

　　② 安全操作基础知识；

　　③ 环境保护基础知识。

2.2.8　法律法规基础知识

　　① 环境法的相关知识；

　　② 污染物排放监测的法律法规基础知识；

　　③ 污染物排放标准的基础知识；

　　④ 连续自动监测的法律法规基础知识。

2.2.9　质量管理体系基础知识

　　① 质量管理体系基础知识；

　　② 质量管理体系的特点及作用。

2.2.10　其它相关基础知识

　　① 污染物处理设施基本工艺和原理（脱硫、脱硝、除尘等）；

　　② 污染物产生的基本工艺和原理（电厂、水泥厂、垃圾焚烧炉等）；

　　③ 计算机基本组成、工作原理和 Windows 操作系统基础知识。

3　工作要求

　　本标准对初级、中级、高级的要求依次递进，高级别涵盖低级别的要求。

　　工作内容包括废气和颗粒物连续自动监测系统的操作、维护；标准分析方法仪器的操作、维护；数据的分析和处理。

3.1　初级

　　对连续自动监测系统有基本的了解，能在高级和中级运营人员的指导下，配合中级运营人员的操作。

3.2　中级

　　对连续自动监测系统的运行有全面的了解，在高级运营人员的指导下，进行正确的操作。

3.2.1　污染物特性

　　熟悉并了解被监测污染源的主要污染物及其特性，目前包括以下主要污染物：二氧化硫、氮氧化物、一氧化碳、二氧化碳、氧气、颗粒物。

对于以上主要污染物，以下技能被要求：

> 典型的污染源；

> 典型的排放浓度；

> 典型的环境浓度；

> 空气污染的环境和健康影响。

3.2.2　污染物排放以及监测的法律、法规和标准

熟悉并了解固定污染源排放以及监测的法律、法规和标准。

> 排放标准；

> 排放限值的要求；

> 监测要求；

　　● 取样要求；

　　● 标准分析方法；

　　● 监测仪器的适用性检测；

> 连续自动监测系统管理办法；

> 连续自动监测系统技术规范。

3.2.3　计量单位和标准状况

熟悉各物理量的国际计量单位、常用计量单位、排放限值单位以及各计量单位间的相互换算：

> 温度、压力、流速、质量、体积、湿度的计量单位；

> 质量浓度和体积浓度以及相互转换；

> 标准状况和正常状况的相互换算；

> 干基和湿基的相互转换；

> 过剩空气系数的转换。

3.2.4　仪器和设备的操作

掌握连续自动监测系统和标准分析方法仪器设备的正确操作。

3.2.4.1　连续自动监测系统

> 连续自动监测系统的分类及其优缺点；

> 连续自动监测系统的设计思路及对监测结果的影响；

> 连续自动监测系统的基本分析原理及对监测结果的影响；

> 连续自动监测系统的操作使用。

3.2.4.2　标准分析方法仪器设备

> 皮托管测量流速：仪器设备的原理和操作；

> 温度的测量：原理和操作；

> 压力测量：原理和操作；

➢ 气态污染物测量：仪器原理、校准和操作。

3.2.4.3 颗粒物测量仪器设备

➢ 等速动态取样的原理；

➢ 流速和含湿量测量；

➢ 滤筒和滤嘴的准备；

➢ 仪器设备的操作；

➢ 烘箱、干燥器、分析天平的基本操作。

3.2.5 数据分析与处理

熟悉连续自动监测数据的生成原理，能对连续自动监测系统报表数据进行基本分析，并能对日常维护以及质量控制质量保证数据进行分析判断和数理统计分析。

➢ 数据报表的基本分析；

➢ 质量控制质量保证数据的处理和分析；

➢ 报表和监测分析报告的制作。

3.2.6 健康和完全要求

熟悉并了解现场操作过程的安全程序。

➢ 取样和操作人员的安全风险；

➢ 其他人员的安全风险；

➢ 排污企业的安全风险；

➢ 仪器设备；

➢ 工作平台。

3.3 高级

良好的组织和协调能力，并能根据质量控制质量保证的要求以及监测分析的要求制定切实可行的计划和方案。

3.3.1 监测法律法规以及标准间关系

熟悉并了解固定污染源排放和监测的法律法规标准以及其相互间的关系，了解国内国际相关的法律法规和标准。

➢ 法律法规的内涵；

➢ 国际标准的情况以及和中国标准的差异。

3.3.2 分析技术

熟悉各相关分析技术，并能制定切实可行的测试方案。

➢ 取样点和取样平面的选择；

➢ 取样方式和取样设备选用；

➢ 分析方法选择以及分析仪器的选用；

➢ 仪器检出限以及取样量和取样时间对分析结果的影响；

➢ 样品的保存和运输；

　　➢ 分析方法的偏差及其主要误差来源。

3.3.3　工艺参数以及污染物处理设施

熟悉并了解典型污染源的基本生产工艺以及污染物处理设施的基本原理和工艺。

　　➢ 典型污染源的基本生产工艺以及主要工艺参数变化对污染物排放的影响；

　　➢ 典型污染源的基本状况及其基本构成；

　　➢ 燃料的基本构成；

　　➢ 污染物处理设施（脱硫、脱硝、除尘）基本原理和工艺以及主要参数变化对污染物排放的影响。

3.3.4　仪器和设备的维护

熟悉连续自动监测系统和标准分析方法仪器设备的基本分析原理以及其基本硬件构成，并能对其基本故障予以排除。

　　➢ 连续自动监测系统的基本硬件构成；

　　➢ 连续自动监测系统的基本故障分析和排除；

　　➢ 标准分析方法仪器设备的基本硬件构成；

　　➢ 标准分析方法仪器设备的基本故障分析和排除。

3.3.5　质量控制与质量保证

熟悉实验室质量管理体系的建立和运行，并有能力形成质量体系文件；熟悉连续自动监测系统质量控制质量保证要求，并有能力形成程序文件。

　　➢ 实验室质量管理体系的建立和运行；

　　➢ 连续自动监测系统质量控制质量保证的要求以及相关管理文件的生成；

　　➢ 标准分析方法操作的全程序质量控制与质量保证；

　　➢ 连续自动监测系统的审核和评审；

　　➢ 质量控制质量保证的文件归档。

4　比重表

4.1　理论知识

项　　　目		初级（%）	中级（%）	高级（%）
基本要求	职业道德	5	5	5
	基础知识	95	10	5
相关知识	污染物特性	—	5	2
	污染物排放以及监测的法律、法规和标准	—	5	5
	计量单位和标准状况	—	3	3
	仪器和设备的操作	—	60	20
	连续自动监测系统	—	20	10

项　目		初级(%)	中级(%)	高级(%)
相关知识	标准分析方法仪器设备	—	20	5
	颗粒物测量仪器设备	—	20	5
	数据分析与处理	—	10	10
	健康和完全要求	—	2	5
	监测法律法规以及标准间关系	—	—	5
	分析技术	—	—	10
	工艺参数以及污染物处理设施	—	—	10
	仪器和设备的维护	—	—	10
	质量控制与质量保证	—	—	10
合　计		100	100	100

4.2　技能操作

项　目		初级(%)	中级(%)	高级(%)
技能要求	连续自动监测系统使用	10	30	15
	连续自动监测系统维护	—	15	20
	标准分析方法仪器设备使用	10	30	15
	标准分析方法仪器设备维护	—	15	20
	组织和协调	—	—	20
	培训	80	10	10
合　计		100	100	100

附录二　固定污染源气态污染物、颗粒物连续自动监测系统运营设备配置表

设备名称	测定项目	正式资质	临时资质	备　注
气态污染物分析仪	SO_2、NO_x、HF、HCl等	2套	2套	参比仪器,运营什么项目,必备该项目分析仪,包括前级处理设备
稀释气体分析仪	O_2 或 CO_2	2套	2套	必备
采样探头、伴热管	气态污染物	2套	2套	抽取式参比方法必备
温度测定仪	废气温度	2套	2套	参比仪器,必备
压力测定仪	废气压力	1套	1套	参比仪器,必备

续表

设 备 名 称	测定项目	正式资质	临时资质	备　注
流速测定仪(皮托管)	废气流速	2 套	2 套	参比仪器,必备
湿度测定仪	废气湿度	1 套	1 套	参比仪器,必备
颗粒物采样仪(等速动态跟踪)	颗粒物	2 套	2 套	参比仪器,必备
天平(万分之一)	滤筒称重	1 套	1 套	必备
烘箱	滤筒烘干	1 套	1 套	必备
大气压计	大气压	1 套	1 套	必备
温湿度表	环境温度、湿度	1 套	1 套	必备
秒表	响应时间	1 套	1 套	必备
计算机	分析数据、采集数据	1 套	1 套	必备
计算器	数据计算	2 套	2 套	必备
万用表	检修仪器	1 套	1 套	必备
滤光片(满量程 20%、50%、80%)	校准 CEMS	1 套	1 套	必备
标气钢瓶	校准 CEMS	3 套	3 套	必备
减压阀	标气钢瓶用	3 套	3 套	必备
轴线捆	电源引线	2 套	2 套	必备
专用工具	安装调试	1 套	1 套	必备
对讲机	通讯联络	3 套	3 套	可选
运输设备	运输仪器	1 套	1 套	必备

注：1. 以上设备为最低配置；

2. 正式资质与临时资质设备配置没有区别。

附录三　其他参考文件及标准

1.《污染源自动监控管理办法》[国家环境保护总局令（2005）第 28 号]

2.《环境污染治理设施运营资质许可管理办法》[国家环境保护总局令（2004）第 23 号]

3.《固定污染源烟气排放连续监测系统技术要求及检测方法》（HJ/T 76—2007）

4.《固定污染源排气中颗粒物测定与气态污染物采样方法》（GB/T16157—1996）

附录四 《固定污染源烟气排放连续监测技术规范》 （HJ/T 75—2007）●

目 录

---

❶ 此为报批稿，有节选。请以最终发布文件为准。

前　言（略）

1　范围

1.1　本标准规定了固定污染源烟气排放连续监测系统（Continuous Emissions Monitoring Systems，以下简称 CEMS）中的颗粒物 CEMS、气态污染物（含 SO_2、NO_x 等）CEMS 和有关排气参数（含氧等）连续监测系统（Continuous Monitoring Systems，以下简称 CMS）的主要技术指标、检测项目、安装位置、调试检测方法、验收方法、日常运行管理、日常运行质量保证、数据审核和上报数据的格式。

1.2　本标准适用于以固体、液体为燃料或原料的火电厂锅炉、工业/民用锅炉以及工业炉窑等固定污染源的烟气 CEMS。

1.3　生活垃圾焚烧炉、危险废物焚烧炉及以气体为燃料或原料的固定污染源烟气 CEMS 可参照本技术规范执行。

2　规范性引用文件

下列文件中的条款通过本标准的引用而成为本标准的条款。凡是不注日期的引用文件，其最新版本适用于本标准。

GB/T 16157　固定污染源排气中颗粒物测定与气态污染物采样方法

GB 3095　环境空气质量标准

HJ/T 193　环境空气质量自动监测技术规范

HJ/T 212　污染源在线自动监控（监测）系统数据传输标准

HJ/T 42　固定污染源排气中氮氧化物的测定　紫外分光光度法

HJ/T 43　固定污染源排气中氮氧化物的测定　盐酸萘乙二胺分光光度法

HJ/T 47　烟气采样器技术条件

HJ/T 48　烟尘采样器技术条件

HJ/T 56　固定污染源排气中二氧化硫的测定　碘量法

HJ/T 57　固定污染源排气中二氧化硫的测定　定电位电解法

《空气与废气监测分析方法》（中国环境科学出版社）

《空气和废气监测分析方法指南（上册）》（中国环境科学出版社）

3　术语和定义

3.1　烟气排放连续监测 Continuous Emission Monitoring

对固定污染源排放的污染物进行连续地、实时地跟踪测定；每个固定污染源的总测定小时数不得小于锅炉、炉窑总运行小时数的 75%；每小时的测定时间不得低于 45 分钟。

3.2　固定污染源烟气 CEMS 的正常运行 Normal Operation of CEMS of Stationary Source

符合本标准的技术指标要求，在规定有效期内的运行，但不包括检测器污染、仪器故障、系统校准、校验或系统未经定期校准、未经定期校验等期间的运行。

3.3　有效数据 Valid Data

符合本标准的技术指标要求，经验收合格的烟气 CEMS，在固定污染源排放烟气条件下，烟气 CEMS 正常运行所测得的数据。

3.4　有效小时均值 Valid Hourly Average

整点 1 小时内不少于 45 分钟的有效数据的算术平均值。

3.5　有效日均值 Valid Daily Average

1 日内不少于锅炉、炉窑运行时间（按小时计）的 75％的有效小时均值的算术平均值。

3.6　有效月均值 Valid Monthly Average

1 月内不少于锅炉、炉窑运行时间（按小时计）的 75％的有效小时均值的算术平均值。

3.7　参比方法 Reference Method

国家或行业发布的标准方法。

3.8　校准 Calibration

用标准装置或标准物质对烟气 CEMS 进行校零/跨、线性误差和响应时间等的检测。

3.9　校验 Checkout/Verification

用参比方法在烟道内对烟气 CEMS（含取样系统、分析系统）检测结果进行相对准确度、相关系数、置信区间、允许区间、相对误差、绝对误差等的比对检测。

3.10　调试检测 Testing

烟气 CEMS 安装、初调和至少正常连续运行 168 小时后，于技术验收前对烟气 CEMS 进行的校准和校验。

3.11　技术验收 Technical Check and Acceptance

由有资质的第三方用参比方法对烟气 CEMS 检测结果进行相对准确度、相对误差、绝对误差的比对检测和联网验收。

3.12　比对监测 Comparision Testing

用参比方法对日常运行的烟气 CEMS 技术性能指标进行不定期的抽检。

4　固定污染源烟气 CEMS 的组成

固定污染源烟气 CEMS 由颗粒物监测子系统、气态污染物监测子系统、烟气排放参数测量子系统、数据采集、传输与处理子系统等组成。通过采样和非采样方式，测定烟气中颗粒物浓度、气态污染物浓度，同时测量烟气温度、烟气压力、烟气流速或流量、烟气含湿量（或输入烟气含湿量）、烟气氧量（或二氧化碳含量）等参数；计算烟气中污染物浓度和排放量；显示和打印各种参数、图表并通过数据、图文传输系统传输至固定污染源监控系统。

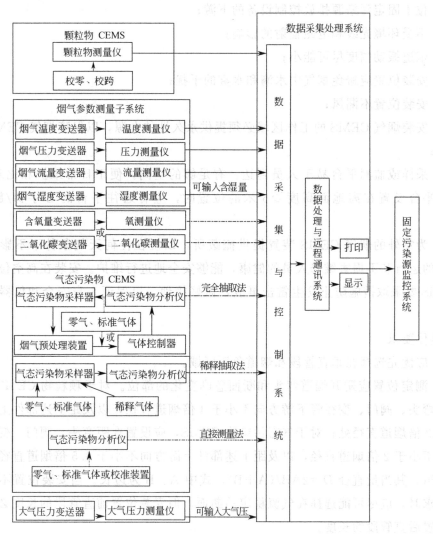

—— 表示任选一种气体参数测量仪和气态污染物 CEMS

图 1　烟气 CEMS 示意图

5　固定污染源烟气 CEMS 技术性能要求

　　固定污染源烟气 CEMS 技术性能参照 HJ/T 76—2007 中第 5 条的技术要求规定，当本标准下文中的部分技术指标与 HJ/T 76—2007 所规定的技术指标不相符时，以本标准规定的为准。

6　固定污染源烟气 CEMS 安装位置要求

　　固定污染源烟气 CEMS 应安装在能准确可靠地连续监测固定污染源烟气排放状况的有代表性的位置上。

6.1　一般要求

6.1.1　位于固定污染源排放控制设备的下游；

6.1.2　不受环境光线和电磁辐射的影响；

6.1.3　烟道振动幅度尽可能小；

6.1.4　安装位置应避免烟气中水滴和水雾的干扰；

6.1.5　安装位置不漏风；

6.1.6　安装烟气 CEMS 的工作区域必须提供永久性的电源，以保障烟气 CEMS 的正常运行；

6.1.7　采样或监测平台易于人员到达，有足够的空间，便于日常维护和比对监测。当采样平台设置在离地面高度≥5 米的位置时，应有通往平台的 Z 字梯/旋梯/升降梯；

6.1.8　为室外的烟气 CEMS 装置提供掩蔽所，以便在任何天气条件下不影响烟气 CEMS 的运行和不损害维修人员的健康，能够安全地进行维护。安装在高空位置的烟气 CEMS 要采取措施防止发生雷击事故，做好接地，以保证人身安全和仪器的运行安全。

6.2　具体要求

6.2.1　应优先选择在垂直管段和烟道负压区域。

6.2.2　测定位置应避开烟道弯头和断面急剧变化的部位。对于颗粒物 CEMS，应设置在距弯头、阀门、变径管下游方向不小于 4 倍烟道直径，以及距上述部件上游方向不小于 2 倍烟道直径处；对于气态污染物 CEMS，应设置在距弯头、阀门、变径管下游方向不小于 2 倍烟道直径，以及距上述部件上游方向不小于 0.5 倍烟道直径处。对矩形烟道，其当量直径 $D=2AB/(A+B)$，式中 A、B 为边长。当安装位置不能满足上述要求时，应尽可能选择在气流稳定的断面，但安装位置前直管段的长度必须大于安装位置后直管段的长度。

　　在烟气 CEMS 监测断面下游应预留参比方法采样孔，采样孔数目及采样平台等按 GB/T 16157《固定污染源排气中颗粒物测定与气态污染物采样方法》要求确定，以供参比方法测试使用。在互不影响测量的前提下，应尽可能靠近。

6.2.3　为了便于颗粒物和流速参比方法的校验和比对监测，烟气 CEMS 不宜安装在烟道内烟气流速小于 5m/s 的位置。

6.2.4　每台固定污染源排放设备应安装一套烟气 CEMS。

6.2.5　若一个固定污染源排气先通过多个烟道后进入该固定污染源的总排气管时，

应尽可能将烟气 CEMS 安装在该固定污染源的总排气管上，但要便于用参比方法校验颗粒物 CEMS 和烟气流速 CMS。不得只在其中的一个烟道上安装一套烟气 CEMS，将测定值的倍数作为整个源的排放结果，但允许在每个烟道上安装相同的烟气 CEMS，测定值汇总后作为该源的排放结果。

6.2.6 火电厂湿法脱硫装置后未安装烟气 GGH（气-气换热器）的烟道内，由于水分的干扰，颗粒物 CEMS 无法准确测定其浓度，颗粒物 CEMS 可安装在脱硫装置前的管段中，其实际排放浓度值的计算见本标准附录 C.5。

6.2.7 固定污染源烟气净化设备设置有旁路烟道时，应在旁路烟道内安装烟气流量连续计量装置。

6.2.8 当烟气 CEMS 安装在矩形烟道时，若烟道截面的高度大于 4 米，则不宜在烟道顶层开设参比方法采样孔；若烟道截面的宽度大于 4 米，则应在烟道两侧开设参比方法采样孔，并设置多层采样平台。

6.2.9 点测量 CEMS 的测量点位应符合下列条件之一：

a. 颗粒物 CEMS 的测量点位离烟道壁的距离不小于烟道直径的 30%，气态污染物 CEMS、氧气 CMS 以及流速 CMS 的测量点位离烟道壁距离不小于 1 米；

b. 位于或接近烟道断面的矩心区。

6.2.10 线测量 CEMS 的测量点位应符合下列条件之一：

a. 颗粒物 CEMS 的测量点位所在区域离烟道壁的距离不小于烟道直径的 30%，气态污染物 CEMS、氧气 CMS 以及流速 CMS 的测量点位离烟道壁距离不小于 1 米；

b. 中心位于或接近烟道断面的矩心区；

c. 测量线长度大于或等于烟道断面直径或矩形烟道的边长。

7 固定污染源烟气 CEMS 技术验收

固定污染源烟气 CEMS 技术验收由参比方法验收和联网验收两部分组成。

7.1 技术验收条件

固定污染源烟气 CEMS 在完成安装、调试检测（见本标准附录 A）并符合下列要求后，可组织实施技术验收工作。

a. 排污口安装的固定污染源烟气 CEMS 相关仪器（颗粒物、SO_2、NO_x、流速等）应具有国家环境保护总局环境监测仪器质量监督检验中心出具的适用性检测合格报告，型号与报告内容相符合。

b. 排污口安装的固定污染源烟气 CEMS 的安装位置及手工采样位置应符合本标准第 6 条的要求。

c. 数据采集和传输以及通信协议均应符合 HJ/T 212 的要求，并提供一个月内数据采集和传输自检报告，报告应对数据传输标准的各项内容作出响应。

d. 根据本标准附录 A 的要求进行了 72 小时的调试检测，并提供调试检测合格报告。

7.2　参比方法验收内容

7.2.1　验收时间可采用事先通知的形式或不通知的抽检形式进行，现场验收应尽可能控制在 1 天内完成。

7.2.2　现场验收期间，生产设备应正常且稳定运行，可通过调节固定污染源烟气净化设备从而达到某一排放状况，该状况在测试期间应保持稳定。用参比方法进行验收时，颗粒物、流速、烟温至少获取 5 个该测试断面的平均值，气态污染物和氧量至少获取 9 个数据，并取测试平均值与同时段烟气 CEMS 的分钟平均值进行准确度计算。

　　a. 颗粒物相对误差计算：

$$R_{ep}\% = (C_{CEMS} - C_i)/C_i \times 100\% \tag{1}$$

式中　R_{ep}——颗粒物相对误差，%；

　　　　C_i——参比方法测定的颗粒物平均浓度，mg/m^3；

　　　　C_{CEMS}——颗粒物 CEMS 与参比方法同时段测定的颗粒物平均浓度，mg/m^3。

　　b. 流速相对误差计算：

$$R_{ev}\% = (V_{CMS} - V_i)/V_i \times 100\% \tag{2}$$

式中　R_{ev}——流速相对误差，%；

　　　　V_i——参比方法测定的测试断面的烟气平均流速，m/s（可与颗粒物测定同时进行）；

　　　　V_{CMS}——流速 CMS 与参比方法同时段测定的烟气平均流速，m/s。

　　c. 烟温绝对误差计算：

$$\Delta T = t_2 - t_1 \tag{3}$$

式中　ΔT——烟温绝对误差，℃；

　　　　t_1——参比方法测定的平均烟温，℃（可与颗粒物测定同时进行）；

　　　　t_2——烟温 CMS 与参比方法同时段测定的平均烟温，℃。

　　d. 气态污染物（含氧量）准确度计算：

同本标准附录 A 公式（21）～公式（26）。

7.2.3　验收测试结果按附录 D 中的表 D-5 和表 D-8 表格形式记录。

7.3　参比方法验收测试报告格式

报告应包括以下信息（可参照附录 D 中的表 D-9）：

　　a. 报告的标识-编号；

　　b. 检测日期和编制报告的日期；

　　c. 烟气 CEMS 标识-制造单位、型号和系列编号；

　　d. 安装烟气 CEMS 的企业名称和安装位置所在的相关污染源名称；

　　e. 参比方法引用的标准；

　　f. 所用可溯源到国家标准的标准气体；

g. 参比方法所用的主要设备，仪器等；

h. 检测结果和结论；

i. 测试单位；

j. 备注（技术验收单位认为与评估烟气 CEMS 的性能相关的其他信息）。

7.4　参比方法验收技术指标要求

验收检测项目		考　核　指　标
颗粒物	准确度	当参比方法测定烟气中颗粒物排放浓度： ≤50mg/m³ 时，绝对误差不超过±15mg/m³； >50mg/m³～≤100mg/m³ 时，相对误差不超过±25％； >100mg/m³～≤200mg/m³ 时，相对误差不超过±20％； >200mg/m³ 时，相对误差不超过±15％。
气态污染物	准确度	当参比方法测定烟气中二氧化硫、氮氧化物排放浓度： ≤20μmol/mol 时，绝对误差不超过±6μmol/mol； >20μmol/mol～≤250μmol/mol 时，相对误差不超过±20％； >250μmol/mol 时，相对准确度≤15％。 当参比方法测定烟气中其他气态污染物排放浓度： 相对准确度≤15％。
流速	相对误差	流速>10m/s 时，不超过±10％； 流速≤10m/s 时，不超过±12％。
烟温	绝对误差	不超过±3℃
氧量	相对准确度	≤15％

7.5　联网验收内容

联网验收由通信及数据传输验收、现场数据比对验收和联网稳定性验收三部分组成。

7.5.1　通信及数据传输验收

按照 HJ/T 212 的规定检查通信协议的正确性。数据采集和处理子系统与固定污染源监控系统之间的通信应稳定，不出现经常性的通信连接中断、报文丢失、报文不完整等通信问题。为保证监测数据在公共数据网上传输的安全性，所采用的数据采集和处理子系统应进行加密传输。

7.5.2　现场数据比对验收

数据采集和处理子系统稳定运行一个星期后，对数据进行抽样检查，并对比上位机接收到的数据和现场机存储的数据是否一致，检验数据传输的正确性。

7.5.3　联网稳定性验收

在连续一个月内，子系统能稳定运行，不出现除通信稳定性、通信协议正确性、数据传输正确性以外的其他联网问题。

7.6　联网验收技术指标要求

验收检测项目	考 核 指 标
通信稳定性	1. 现场机在线率为 90% 以上； 2. 正常情况下，掉线后，应在 5 分钟之内重新上线； 3. 单台数据采集传输仪每日掉线次数在 5 次以内； 4. 报文传输稳定性在 99% 以上，当出现报文错误或丢失时，启动纠错逻辑，要求数据采集传输仪重新发送报文。
数据传输安全性	1. 对所传输的数据应按照 HJ/T 212 中规定的加密方法进行加密处理传输，保证数据传输的安全性。 2. 服务器端对请求连接的客户端进行身份验证。
通信协议正确性	现场机和上位机的通信协议应符合 HJ/T 212 中的规定，正确率 100%
数据传输正确性	系统稳定运行一星期后，对一星期的数据进行检查，对比接收的数据和现场的数据完全一致，抽查数据正确率 100%。
联网稳定性	系统稳定运行一个月，不出现除通信稳定性、通信协议正确性、数据传输正确性以外的其他联网问题。

7.7　验收结果

符合本标准 7.4 和 7.6 验收技术指标要求的固定污染源烟气 CEMS，可纳入固定污染源监控系统。

8　固定污染源烟气 CEMS 日常运行管理要求

从事固定污染源烟气 CEMS 日常运行管理的单位和部门应根据该烟气 CEMS 使用说明书和本标准的要求编制仪器运行管理规程，以此确定系统运行操作人员和管理维护人员的工作职责，人员经培训合格后持证上岗。

仪器运行管理规程应包括以下方面：

8.1　日常巡检

日常巡检间隔不超过 7 天，巡检记录应包括检查项目、检查日期、被检项目的运行状态等内容，每次巡检应记录并归档。日常巡检规程应包括该系统的运行状况、烟气 CEMS 工作状况、系统辅助设备的运行状况、系统校准工作等必检项目和记录，以及仪器使用说明书中规定的其他检查项目和记录。

8.2　日常维护保养

日常维护保养应根据烟气 CEMS 说明书的要求对保养内容、保养周期或耗材更换周期等作出明确规定，每次保养情况应记录并归档。每次进行备件或材料更换时，更换的备件或材料的品名、规格、数量等应记录并归档。如更换标准物质还需记录新标准物质的来源、有效期和浓度等信息。

对日常巡检或维护保养中发现的故障或问题，系统管理维护人员应及时处理并记录。对于一些容易诊断的故障，如电磁阀控制失灵、泵膜裂损、气路堵塞、数据采集器死机、通信和电源故障等，应在 24 小时内及时解决；对不易维修的仪器故障，若 72 小时内无法排除，应安装相应的备用仪器。备用仪器或主要关键部件（如光源、分析单元）经调换后应根据本标准中规定的方法对系统重新调试经检测合格后方可投入运行。

8.3　烟气 CEMS 的校准和校验

烟气 CEMS 的校准和校验应根据本标准中规定的方法和第 9 条质量保证规定的周期制订系统的日常校准和校验操作规程，并对校准和校验应记录的内容作出明确的规定，校准和校验记录应及时归档。

9　固定污染源烟气 CEMS 日常运行质量保证

固定污染源烟气 CEMS 日常运行质量保证是保障烟气 CEMS 正常稳定运行、持续提供有质量保证监测数据的必要手段。当烟气 CEMS 不能满足技术指标而失控时，应及时采取纠正措施，并应缩短下一次校准、维护和校验的间隔时间。

不应用与烟气 CEMS 测试原理相同的参比方法校验烟气 CEMS。

9.1　定期校准

固定污染源烟气 CEMS 运行过程中的定期校准是质量保证中的一项重要工作，定期校准应做到：

a. 具有自动校准功能的颗粒物 CEMS 和气态污染物 CEMS 每 24 小时至少自动校准一次仪器零点和跨度；具有自动校准功能的流速 CMS 每 24 小时至少自动校准一次仪器的零点或/和跨度；

b. 无自动校准功能的颗粒物 CEMS 每 3 个月至少用校准装置校准一次仪器的零点和跨度；

c. 直接测量法气态污染物 CEMS 每 30 天至少用校准装置通入零气和接近烟气中污染物浓度的标准气体校准一次仪器的零点和工作点；

d. 无自动校准功能的气态污染物 CEMS 每 15 天至少用零气和接近烟气中污染物浓度的标准气体或校准装置校准一次仪器零点和工作点；

e. 无自动校准功能的流速 CMS 每 3 个月至少校准一次仪器的零点或/和跨度；

f. 抽取式气态污染物 CEMS 每 3 个月至少进行一次全系统的校准，要求零气和标准气体与样品气体通过的路径（如采样探头、过滤器、洗涤器、调节器）一致，进行零点和跨度、线性误差和响应时间的检测。对直接测量法气态污染物 CEMS 用参比方法检测准确度是否符合本标准 7.4 的要求。

9.2　定期维护

固定污染源烟气 CEMS 运行过程中的定期维护是日常巡检的一项重要工作，定期维护应做到：

a. 污染源停炉到开炉前应及时到现场清洁光学镜面；

b. 每 30 天至少清洗一次隔离烟气与光学探头的玻璃视窗，检查一次仪器光路的准直情况；对清吹空气保护装置进行一次维护，检查空气压缩机或鼓风机、软管、过滤器等部件；

c. 每 3 个月至少检查一次气态污染物 CEMS 的过滤器、采样探头和管路的结灰和冷凝水情况、气体冷却部件、转换器、泵膜老化状态；

d. 每 3 个月至少检查一次流速探头的积灰和腐蚀情况、反吹泵和管路的工作状态。

9.3 定期校验

固定污染源烟气 CEMS 投入使用后，燃料、除尘效率的变化、水份的影响、安装点的振动等都会造成光路的偏移和干扰。定期校验应做到：

a. 每 6 个月至少做一次校验；校验用参比方法和 CEMS 同时段数据进行比对，按本标准 7.2.2 进行；

b. 当校验结果不符合本标准 7.4 时，则应扩展为对颗粒物 CEMS 方法的相关系数的校正或/和评估气态污染物 CEMS 的相对准确度或/和流速 CMS 的速度场系数（或相关性）的校正，直到烟气 CEMS 达到本标准 7.4 要求，所取样品数不少于 9 对，方法见本标准附录 A。

9.4 烟气 CEMS 失控数据的判别

烟气 CEMS 在定期校准、校验期间数据失控的判别标准见下表。

烟气 CEMS 失控数据的判别

项目	CEMS 类型		校准功能	校准周期	水平	技术指标要求	失控指标	样品数（对）	执行者
定期校准	颗粒物 CEMS		自动	24h	零点漂移	不超过±2.0%F.S.	超过±8.0%F.S.	—	用户或/和运营者
					跨度漂移	不超过±2.0%F.S.	超过±8.0%F.S.		
			手动	90d	零点漂移	不超过±2.0%F.S.	超过±8.0%F.S.		
					跨度漂移	不超过±2.0%F.S.	超过±8.0%F.S.		
	气态污染物 CEMS	抽取测量/直接测量	自动	24h	零点漂移	不超过±2.5%F.S.	超过±5.0%F.S.		
					跨度漂移	不超过±2.5%F.S.	超过±10.0.%F.S.		
		抽取测量	手动	15d	零点漂移	不超过±2.5%F.S.	超过±5.0%F.S.		
					跨度漂移	不超过±2.5%F.S.	超过±10.0.%F.S.		
		直接测量	手动	30d	零点漂移	不超过±2.5%F.S.	超过±5.0%F.S.		
					跨度漂移	不超过±2.5%F.S.	超过±10.0%F.S.		
	流速 CMS		自动	24h	零点漂移	不超过±3.0%F.S.或绝对误差不超过±0.9m/s	超过±8.0%F.S.或绝对误差超过±1.8m/s	—	
			手动	90d	零点漂移	不超过±3.0%F.S.或绝对误差不超过±0.9m/s	超过±8.0%F.S.或绝对误差超过±1.8m/s		
定期校验	颗粒物 CEMS		至少180d		准确度	满足本标准 7.4	不满足前列技术指标要求	至少 3	
	气态污染物 CEMS					满足本标准 7.4		至少 9	
	流速 CMS					满足本标准 7.4		至少 3	

注：F.S. 为仪器的满量程值。

当发现任一参数数据失控时，应及时采取纠正措施直至满足技术指标要求为止，记录失控时段（即从发现失控数据起到满足技术指标要求后止的时间段）及失控参数，并按本标准 10.5 表 2 进行数据修约。

9.5　比对监测

当地环境保护技术主管部门按本标准 7.2 每年不定期地对烟气 CEMS 技术性能指标至少进行一次比对监测，但监测样品数量可相应减少，监测颗粒物、流速、烟温等样品数量至少 3 对（指代表整个烟道断面的平均值），抽检气态污染物样品数量至少 6 对，抽检结果应符合本标准 7.4。

10　固定污染源烟气 CEMS 数据审核和处理

固定污染源烟气 CEMS 数据审核和处理是指经验收合格后的烟气 CEMS 数据传输到固定污染源监控系统后，对数据的有效性进行判断并对缺失数据进行处理、对失控数据进行修约的规定。

10.1　数据审核

10.1.1　烟气 CEMS 故障期间、维修期间、失控时段、参比方法替代时段、以及有计划（质量保证/质量控制）地维护保养、校准、校验等时间段均为烟气 CEMS 缺失数据时间段。其中失控时段的数据处理应按本标准 10.5 表 2 进行数据修约。

10.1.2　固定污染源启、停运（大修、中修、小修等）以及闷炉等时间段均为烟气 CEMS 无效数据时间段。

10.1.3　烟气 CEMS 有效数据捕集率每季度应达到 75%。

每季度有效数据捕集率% ＝（该季度小时数－缺失数据小时数－无效数据小时数）/（该季度小时数－无效数据小时数）。

10.2　缺失数据的处理

10.2.1　任一参数的烟气 CEMS 数据缺失在 24 小时以内（含 24 小时），缺失数据按该参数缺失前 1 小时的有效小时均值和恢复后 1 小时的有效小时均值的算术平均值进行补遗，见表 1。

10.2.2　颗粒物 CEMS、气态污染物 CEMS 数据缺失超过 24 小时时，缺失的小时排放量按该参数缺失前 720 有效小时均值中最大小时排放量进行补遗，其浓度值不需补遗。

10.2.3　除颗粒物、气态污染物以外的其他参数的烟气 CMS 数据缺失超过 24 小时时，缺失数据按该参数缺失前 720 有效小时均值的算术平均值进行补遗。

10.3　比对监测时数据的处理

当地环境保护技术主管部门用参比方法进行比对监测时，当烟气 CEMS 数据与参比方法监测数据不符合本标准 7.4 时，以参比方法监测数据为准进行替代，直至烟气 CEMS 数据调试到符合本标准 7.4 时为止。

缺失数据的处理方法

中断时间 N(h)	缺失参数	处 理 方 法	
		方 法	选 取 值
N≤24	所有参数	算术平均值	中断前一小时和中断后一小时的有效小时均值
N>24	颗粒物、气态污染物	排放量最大值	中断前 720 有效小时均值
	氧量和其他参数	算术平均值	

10.4 烟气 CEMS 维修时数据的处理

烟气 CEMS 因发生故障需停机进行维修时，其维修期间的数据替代按本标准 10.2 处理；亦可以用符合本标准 7.4 的备用烟气 CEMS 所测得的数据替代或用参比方法监测的数据替代。

10.5 失控数据的修约

失控数据的修约方法

失控时间段 N(h)	失控参数	修 约 方 法	
		方 法	选 取 值
N≤24	所有参数	算术平均值	前一次校准/校验后第一个小时和本次校准/校验后第一个小时的有效小时均值
N>24	颗粒物、气态污染物	排放量最大值	前一次校准/校验前 720 有效小时均值
	氧量和其他参数	算术平均值	

11 数据记录与报表

11.1 记录

按本标准附录 D 的表格形式记录监测结果。

11.2 报表

按本标准附录 D（表 D-10、表 D-11、表 D-12、表 D-13）的表格形式定期将烟气 CEMS 监测数据上报，报表中应给出最大值、最小值、平均值、排放累计量以及参与统计的样本数。

附录 A （规范性附录）

固定污染源烟气 CEMS 主要技术指标调试检测方法

固定污染源烟气 CEMS 在现场安装运行以后，在接受验收前，应进行技术性能指标的调试，该调试可由①烟气 CEMS 的制造者、供应者；②用户；③受委托的有检测能力的部门承担。调试检测方法按下面要求进行：

A.1　一般要求

A.1.1　现场完成烟气 CEMS 安装、初调后，烟气 CEMS 连续运行时间应不少于 168 小时。

A.1.2　烟气 CEMS 连续运行 168 小时后，可进入调试检测阶段，调试检测周期为 72 小时，在调试检测期间，不允许计划外的检修和调节仪器。

A.1.3　如果因烟气 CEMS 故障、固定污染源故障、断电等原因造成调试检测中断，在上述因素恢复正常后，应重新开始进行为期 72 小时的调试检测。

A.1.4　对于完全抽取式和稀释抽取式气态污染物 CEMS，当进行零点和跨度校准、线性误差和响应时间的检测时，要求零气和标准气体与样品气体通过的路径（如：采样探头、过滤器、洗涤器、调节器）一致。

A.1.5　调试检测后应编制调试检测报告。

A.2　零点漂移、跨度漂移技术指标的调试检测

A.2.1　颗粒物 CEMS 零点漂移、跨度漂移技术指标的调试检测

在检测期间开始时，人工或自动校准仪器零点和跨度，记录最初的模拟零点和跨度读数。每隔 24 小时测定（人工或自动）和记录一次零点、跨度读数，随后校准仪器零点和跨度。连续操作 3 天，按式(1)～(4) 式计算零点漂移、跨度漂移。

　　a. 零点漂移：

$$\Delta Z = Z_i - Z_0 \tag{1}$$

$$Z_d = \Delta Z_{max}/R \times 100\% \tag{2}$$

式中　Z_0——零点读数初始值；

　　　Z_i——第 i 次零点读数值；

　　　Z_d——零点漂移；

　　　ΔZ——零点漂移绝对误差；

　　ΔZ_{max}——零点漂移绝对误差最大值；

　　　R——仪器满量程值。

　　b. 跨度漂移：

$$\Delta S = S_i - S_0 \tag{3}$$

$$S_d = \Delta S_{max}/R \times 100\% \tag{4}$$

式中　S_0——跨度读数初始值；

　　　S_i——第 i 次跨度读数；

　　　S_d——跨度漂移；

　　　ΔS——跨度漂移绝对误差；

　　ΔS_{max}——跨度漂移绝对误差最大值。

颗粒物 CEMS 零点和跨度漂移检测结果按本标准附录 D 表 D-1 的表格形式记录。

A.2.2　气态污染物 CEMS 零点漂移、跨度漂移技术指标的调试检测

　　a. 零点漂移：

仪器通入零气（经过滤的不含颗粒物、待测气体的清洁干空气或高纯氮气），校准仪器至零点，记录 Z_0。24 小时后，再通入零气，待读数稳定后记录零点读数 Z_i，按调零键，仪器调零。连续操作 3 天，按式（1）和（2）计算零点漂移 Z_d。

　　b. 跨度漂移：

仪器通入 50%～100% 满量程标准气体，校准仪器至该标准气体的浓度值 S_0。24 小时后，再通入同一标准气体，待读数稳定后记录标准气体读数 S_i，按校准键，校准仪器。连续操作 3 天，按式（3）和式（4）计算跨度漂移 S_d。

气态污染物 CEMS 零点和跨度漂移检测结果按本标准附录 D 表 D-3 的表格形式记录。

A.3　颗粒物 CEMS 相关校准技术指标的调试检测

A.3.1　检测期间，通过调节颗粒物控制装置，使颗粒物 CEMS 在高、中、低不同排放浓度条件下进行测试。每个排放浓度至少有 5 个参比数据。

A.3.2　参比方法与颗粒物 CEMS 监测同时段进行，颗粒物 CEMS 每分钟记录一次仪表显示值，取与参比方法同时段显示值的平均值与参比方法测定的断面浓度平均值组成一个数据对，至少获得 15 个有效数据对。但应报告所有的数据，包括舍去的数据对。

A.3.3　将由参比方法测定的标准状态下颗粒物断面浓度平均值转换为实际烟气状况下颗粒物断面浓度平均值。

$$Y = Y_s \times \frac{273}{273+t} \times \frac{B_a + P_s}{101325} \times (1 - X_{sw}) \tag{5}$$

式中　Y——实际烟气状况下颗粒物断面浓度平均值，mg/m³；

　　　Y_s——标准状态下颗粒物断面浓度平均值，mg/m³；

　　　t——测定断面平均烟温，℃；

　　　B_a——测定期间的大气压，Pa

　　　P_s——测定断面烟气静压，Pa；

　　　X_{sw}——测定断面烟气平均含湿量，%。

A.3.4　以颗粒物 CEMS 显示值为横坐标（X），参比方法测定的已转换为实际烟气状况下的颗粒物断面浓度为纵坐标（Y），由最小二乘法建立两变量之间的关系。

　　一元线性回归方程：

$$\hat{Y} = b_0 + b_1 X \tag{6}$$

式中　$\hat{Y}$——预测颗粒物浓度，mg/m³；

b_0——线性相关校准曲线截距，计算见式（7）；

b_1——线性相关校准曲线斜率，计算见式（9）；

X——颗粒物 CEMS 显示值，无量纲。

截距计算公式：

$$b_0 = \bar{Y} - b_1 \bar{X} \tag{7}$$

式中　$\bar{X}$——颗粒物 CEMS 显示值的平均值，计算见式（8）；

$\bar{Y}$——实际烟气状况下参比方法颗粒物断面浓度平均值，mg/m^3，计算见式（8）。

$$\bar{X} = \frac{1}{n} \sum_{i=1}^{n} X_i \qquad \bar{Y} = \frac{1}{n} \sum_{i=1}^{n} Y_i \tag{8}$$

式中　X_i——第 i 个数据，颗粒物 CEMS 的显示值，无量纲；

Y_i——第 i 个数据，实际烟气状况下参比方法颗粒物断面浓度值，mg/m^3；

n——数据对数目。

斜率计算公式：

$$b_1 = \frac{S_{xy}}{S_{xx}} \tag{9}$$

式中

$$S_{xx} = \sum_{i=1}^{n} (X_i - \bar{X})^2 \qquad S_{xy} = \sum_{i=1}^{n} (X_i - \bar{X})(Y_i - \bar{Y}) \tag{10}$$

A.3.5　置信区间的计算，见公式（11），颗粒物 CEMS 测定的一批显示值，要求有 95％的把握认为此批显示值的每一个值均应落在由距上述校准曲线为该排放源排放限值的±15％的两条直线组成的区间内。

$$CI = t_{df,1-a/2} S_E \sqrt{\frac{1}{n}} \tag{11}$$

式中　CI——在平均值 X 处的 95％置信区间半宽；

$t_{df,1-a/2}$——对于 $df = n - 2$ 见表 A-1 中提供的 student 统计 t 值；

S_E——相关校准曲线的分散性或偏差性（回归线精密度），计算见式（12）：

$$S_E = \sqrt{\frac{1}{n-2} \sum_{i=1}^{n} (\hat{Y}_i - Y_i)^2} \tag{12}$$

在平均值 X 处，作为排放限值百分比的置信区间半宽计算见式（13）：

$$CI\% = \frac{CI}{EL} \times 100\% \tag{13}$$

式中　EL——转换为实际烟气状况下的颗粒物排放限值，计算见式（14）。

$$EL = EL_s \times \frac{273}{273+t} \times \frac{B_a + P_s}{101325} \times (1 - X_{sw}) \times \frac{21\% - O}{21\% - O_s} \tag{14}$$

式中　EL_s——该污染源的排放标准（国标或地标），mg/m^3；

O_s——排放标准中所确定的氧量，％；

　　O——测定烟道中的实际氧量，％。

A.3.6　允许区间的计算，见式(15)，颗粒物 CEMS 测定的一批显示值，要求有 95％ 的把握认为该批数据中有 75％ 的数据应落在由距上述校准曲线为该排放源限值的 ±30％ 的两条直线组成的区间内。

$$TI = k_t S_E \tag{15}$$

式中　TI——在平均值 X 处允许区间半宽；
　　　　k_t——计算见式(16)；
　　　　S_E——计算见式(12)。

$$k_t = u_{n'} V_{df} \tag{16}$$

式中　$u_{n'}$——由表 A-1 提供，75％允许因子（在平均值 X 处，$n'=n$）；
　　　　V_{df}——对于 $df=n-2$ 见表 A-1。

　　在平均值 X 处，作为排放限值百分比的允许区间半宽计算见式(17)：

$$TI\% = \frac{TI}{EL} \times 100\% \tag{17}$$

A.3.7　线性相关系数计算见式(18)：

$$r = \frac{S_{xy}}{\sqrt{S_{xx} S_{yy}}} \tag{18}$$

式中　r——线性相关系数；
　　　　S_{yy}——计算见式(19)。

$$S_{yy} = \sum_{i=1}^{n} (Y_i - \overline{Y})^2 \tag{19}$$

　　当一元线性回归方程无法满足相关系数的指标要求时，可选用其他校验方法（如多元线性方程式、对数指数方程式、幂指数方程式、K 系数等）进行调试。参比方法校准颗粒物 CEMS 的一元线性回归方程原始记录表见本标准附录 D 表 D-2。

表 A-1　计算置信区间和允许区间参数表

f	t_f	v_f	n'	$u_n(75)$
7	2.356	1.7972	7	1.233
8	2.306	1.7110	8	1.233
9	2.262	1.6452	9	1.214
10	2.228	1.5931	10	1.208
11	2.201	1.5506	11	1.203
12	2.179	1.5153	12	1.199
13	2.160	1.4854	13	1.195
14	2.145	1.4597	14	1.192

f	t_f	v_f	n'	$u_n(75)$
15	2.131	1.4373	15	1.189
16	2.120	1.4176	16	1.187
17	2.110	1.4001	17	1.185
18	2.101	1.3845	18	1.183
19	2.093	1.3704	19	1.181
20	2.086	1.3576	20	1.179
21	2.080	1.3460	21	1.178
22	2.074	1.3353	22	1.177
23	2.069	1.3255	23	1.175
24	2.064	1.3165	24	1.174
25	2.060	1.3081	25	1.173
30	2.042	1.2737	30	1.170
35	2.030	1.2482	35	1.167
40	2.021	1.2284	40	1.165
45	2.014	1.2125	45	1.163
50	2.009	1.1993	50	1.162

注：$f=n-1$。

A.3.8　校验颗粒物 CEMS

将建立的手工采样参比方法测定结果与颗粒物 CEMS 测定的专一经验式的斜率和截距输入到烟气 CEMS 的数据采集处理系统，将颗粒物 CEMS 的测定显示值校验到与手工采样参比方法一致的颗粒物浓度（mg/m^3）。

手工采样断面排气流速应≥5m/s，当不能满足要求时：

a. 在 2.5～5m/s 之间时，取实测平均流速计算采样流量进行恒流采样，校验方法仍采用一元线性回归方程；

b. 低于 2.5m/s 时，取 2.5m/s 流速计算采样流量进行恒流采样。至少取 9 个有效数据对计算 k 系数，即手工方法平均值/CMES 显示值平均值，然后将 k 系数输入到 CEMS 的数据采集处理系统，校验后的颗粒物浓度＝k·CEMS_{颗粒物显示值}；

c. 当无法调节颗粒物控制装置或燃烧清洁能源时，亦可采用 K 系数的方法。

A.4　气态污染物（含氧量）CEMS 线性误差、响应时间技术指标的调试检测

A.4.1　气态污染物 CEMS 线性误差技术指标的调试检测

a. 仪器通入零气，调节仪器零点。

b. 通入中浓度标准气体（50%～60%的满量程值），调整仪器显示浓度值与标准气体浓度值一致。

c. 仪器经上述校准后，交替通入零气和高（80％～100％的满量程值）、中、低（20％～30％的满量程值）浓度标准气体，待显示浓度值稳定后读取测定结果。重复测定 3 次，取平均值。按式（20）计算线性误差：

$$L_{ei} = \frac{\overline{C_{di}} - C_{si}}{C_{si}} \times 100\% \tag{20}$$

式中　L_{ei}——标准气体的线性误差；

　　　$\overline{C_{di}}$——标准气体测定浓度平均值；

　　　C_{si}——标准气体浓度值；

　　　i——第 i 种浓度的标准气体。

线性误差检测结果按本标准附录 D 表 D-4 的表格形式记录。

A.4.2　气态污染物 CEMS 响应时间技术指标的调试检测

在线性误差检测通入中浓度标准气体时，用秒表记录显示值从瞬时变化至达到 90％标准浓度的时间，取平均值作为响应时间。

响应时间检测结果按本标准附录 D 表 D-4 的表格形式记录。

A.5　气态污染物（含氧量）CEMS 准确度技术指标的调试检测

A.5.1　气态污染物（含氧量）CEMS 与参比方法同步测定，由数据采集器每分钟记录 1 个累积平均值，连续记录至参比方法测试结束，取与参比方法同时段的平均值。

A.5.2　取参比方法与 CEMS 同时段测定值组成一个数据对，每天至少取 9 对有效数据用于相对准确度计算，但应报告所有的数据，包括舍去的数据对，连续进行 3 天。

$$RA = \frac{|\bar{d}| + |cc|}{\overline{RM}} \times 100\% \tag{21}$$

式中　RA——相对准确度。

$$\overline{RM} = \frac{1}{n} \sum_{i=1}^{n} RM_i \tag{22}$$

式中　n——数据对的个数；

　　　RM_i——第 i 个数据对中的参比方法测定值。

$$\bar{d} = \frac{1}{n} \sum_{i=1}^{n} d_i \tag{23}$$

$$d_i = RM_i - CFMS_i \tag{24}$$

式中　d_i——每个数据对之差；

　　　$CEMS_i$——第 i 个数据对中的 CEMS 测定值。

［注：在计算数据对差的和时，保留差值的正、负号］

$$cc = \pm t_{f \cdot 0.95} \frac{S_d}{\sqrt{n}} \tag{25}$$

其中置信系数（cc）由 t 值表查得的统计值和数据对差的标准偏差表示：

t 值表（95％置信水平）

5	6	7	8	9	10	11	12	13	14	15	16
2.571	2.447	2.365	2.306	2.262	2.228	2.201	1.179	2.160	2.145	2.131	2.120

$t_{f,0.95}$——由 t 表查得，$f=n-1$；

$$S_d=\sqrt{\frac{\sum_{i=1}^{n}(d_i-\bar{d})^2}{n-1}} \tag{26}$$

式中　S_d——参比方法与 CEMS 测定值数据对的差的标准偏差。

参比方法评估气态污染物 CEMS 准确度结果按本标准附录 D 表 D-5 的表格形式记录。

A.5.3　校准气态污染物 CEMS

气态污染物 CEMS 相对准确度达不到技术指标的要求时，将偏差调节系数输入 CEMS 的数据采集处理系统，按式（27）和式（28）对 CEMS 测定数据进行调节，经调节仍不能达到要求时，应选择有代表性的位置安装气态污染物 CEMS，重新进行检测。

$$CEMS_{adi}=CEMS_i\times E_{ac} \tag{27}$$

式中　$CEMS_{adi}$——CEMS 在 i 时间调节后的数据；

　　　$CEMS_i$——CEMS 在 i 时间测得的数据；

　　　E_{ac}——偏差调节系数。

$$E_{ac}=\frac{1+\bar{d}}{\overline{CEMS_i}} \tag{28}$$

式中　$\bar{d}$——公式（23）和（24）计算的数据对差的平均值；

　　　$\overline{CEMS_i}$——第 i 个数据对中的 CEMS 测定数据的平均值。

A.6　流速 CMS 速度场系数技术指标的调试检测

由参比方法测定断面烟气平均流速和同时段流速 CMS 测定断面某一固定点或测定线上的烟气平均流速，按式（29）计算速度场系数：

$$K_v=\frac{F_s}{F_p}\times\frac{\bar{V}_s}{V_p} \tag{29}$$

式中　K_v——速度场系数；

　　　F_s——参比方法测定断面面积，m^2；

　　　F_p——固定点或测定线所在测定断面的面积，m^2；

　　　V_s——参比方法测定断面的平均流速，m/s；

　　　V_p——流速 CMS 在固定点或测定线所在断面的测定流速，m/s。

A.7　流速 CMS 速度场系数精密度技术指标的调试检测

A.7.1　每天至少获得 3 个有效速度场系数，计算速度场系数日平均值。但应报告所有的数据，包括舍去的数据。至少连续获得 3 天的日平均值，并按式（30）、式（31）计算速度场系数精密度：

$$CV\% = \frac{S}{\overline{K_v}} \times 100\% \tag{30}$$

$$S = \sqrt{\frac{\sum_{i=1}^{n}(\overline{K_{vi}} - \overline{K_v})^2}{n-1}} \tag{31}$$

式中　CV——速度场系数精密度（相对标准偏差），%；

　　　S——速度场系数的标准偏差；

　　　$\overline{K_v}$——速度场系数日平均值的平均值；

　　　$\overline{K_{vi}}$——速度场系数日平均值；

　　　n——日平均速度场系数的个数。

流速 CMS 速度场系数精密度检测结果按本标准附录 D 表 D-6 的表格形式记录。

A.7.2 当速度场系数精密度不满足技术指标要求时，可进行手工采样参比方法与流速 CMS 的相关系数的校准。通过调节三个不同的工况流速，每个工况流速至少建立 3 个有效数据对，以流速 CMS 数据为 X 轴，参比方法数据为 Y 轴，建立一元线性回归方程。并把斜率和截距输入到 CEMS 的数据采集处理系统，将流速 CMS 测试的数据校准到手工采样参比方法所测定的流速值。回归方程计算方法见本标准附录 A 第 A.3.4 及 A.3.7，校准曲线按本标准附录 D 表 D-7 的表格形式记录。

A.8　固定污染源烟气 CEMS 调试检测技术指标要求

调试检测项目		考　核　指　标
颗粒物	零点漂移	不超过±2.0% F.S.
	跨度漂移	不超过±2.0% F.S.
	相关系数	≥0.85
		当参比方法测定颗粒物平均浓度≤50mg/m³ 时，≥0.70
	$CI\%$（置信区间半宽）	≤15%（该污染源的排放限值）
	$TI\%$（允许区间半宽）	≤30%（该污染源的排放限值）
气态污染物	零点漂移	不超过±2.5% F.S.
	跨度漂移	不超过±2.5% F.S.
	线性误差	不超过±5%
	响应时间	≤200s

调试检测项目		考 核 指 标
气态污染物	准确度	当参比方法测定烟气中二氧化硫、氮氧化物排放浓度： ≤20μmol/mol 时，绝对误差不超过±6μmol/mol >20μmol/mol~≤250μmol/mol 时，相对误差不超过±20% >250μmol/mol 时，相对准确度≤15%
		当参比方法测定烟气中其他气态污染物排放浓度： 相对准确度≤15%
流速	速度场系数精密度	当流速>10m/s 时，≤5% 当流速≤10m/s 时，≤8%
	或相关系数	≥9 个数据对时，相关系数≥0.90
氧量	相对准确度	≤15%

注：F. S. 为仪器的满量程值。

附录 B（资料性附录）

烟气 CEMS 技术指标调试检测结果分析和处理方法

当固定污染源烟气 CEMS 技术指标调试检测结果不满足本标准附录 A.8 技术指标要求时，可参照下表进行结果分析和处理。

表 B-1　颗粒物 CEMS 技术指标调试检测结果分析和处理方法

测试指标		测试结果	原 因 分 析	处理方法
漂移	零点	超过±2%F. S.	1. 安装位置的环境条件，例如：强烈振动、电磁干扰、系统密封缺陷使雨、雪水侵入等；2. 校准器件缺陷、复位重复差、被污染，系统设计缺陷；3. 仪器供电系统缺陷，光源发光不稳定等；4. 计算错误	1. 重新选择符合要求的安装位置；2. 根据查找的原因重新设计；3. 重新计算
	跨度	超过±2%F. S.		
相关系数		<0.85	1. 颗粒物 CEMS：(1)安装位置的代表性；(2)光路的准直；(3)光学镜片的污染和清洁等；2. 调试时的参比方法是否将手工方法测得的烟道断面颗粒物平均浓度与颗粒物 CEMS 测得的点的平均浓度进行比较？3. 数据量和数据分布：数据量是否足够？数据是否分布在颗粒物 CEMS 测量范围上限的20%~80%？4. 颗粒物的颜色变化大，烟气中含有水雾和水滴等；5. 颗粒物 CEMS 设计缺陷	逐一分析原因，采取相应的对策和措施
		<0.70 （参比方法测定颗粒物平均浓度≤50mg/m³）		
CI% （置信区间半宽）		>15%（该污染源的排放限值）		
TI% （允许区间半宽）		>30%（该污染源的排放限值）		

表 B-2　气态污染物 CEMS 技术指标调试检测结果分析和处理方法

测试指标		测试结果	原　因　分　析	处理方法
漂移	零点	超过±2.5%F.S.	1. 安装位置的环境条件,例如:强烈振动、电磁干扰、系统密封缺陷使雨、雪水侵入等;2. 供零点气体和校准气体的流量和气体的质量是否符合要求;3. 供气系统是否泄漏;4. 管路吸附;5. 仪器供电系统缺陷;6. 计算错误	1. 重新选择符合要求的安装位置;2. 选用合格的零点气体和校准气体;3. 待仪器读数稳定后再读取和/或记录数据;4 更换泄漏管路;5. 根据查找的原因重新设计;6. 重新计算
	跨度	超过±2.5%F.S.		
响应时间		>200s	1. 滤料被堵塞;2. 仪器内部管路泄漏;3. 控制阀损坏;4. 仪器光学镜片被污染;5. 仪器检测器系统被污染;6. 系统设计缺陷	1. 更换滤料;2. 更换管路;3. 拧紧管接头,更换控制阀;4. 清洁光学镜片或检测器系统;5. 重新设计
线性误差		超过±5%	1. 仪器性能是否过关;2. 调试方法是否准确;3. 校准气体质量,例如:校准气体质量不能溯源到国家级标准气体,超过标准气体的使用期限,校准气体的稳定性差,现场调试检测与仪器出厂前调试仪器的校准气体品质不一致;4. 管路吸附;5. 管路泄漏;6. 供气流量、压力不稳定等	逐一分析原因,采取相应的措施
相对准确度		>15%	1. 点位的代表性;2. 两种方法测定点位的一致性;3. 两种方法测定时获取数据的同步性;4. 校准 CEMS 气体和参比方法的校准气体的一致性;5. 采样时间等;6. 管路不加热并有冷凝水,管路漏气,抽气量不足,气体稀释比不稳定等;7. 参比方法使用仪器质量有问题等	1. 避开污染物浓度剧烈变化的测定点位;2. 两种方法测定点位尽可能接近;3. 扣除烟气样品通过管路到达检测器的时间;4. 用同一标准气体校准 CEMS 和参比方法;5. 足够的采样时间;6 用质量好的参比仪器等;7. 采取相应的措施

表 B-3　流速 CEMS 技术指标调试检测结果分析和处理方法

测试指标	测试结果	原　因　分　析	处理方法
速度场系数精密度	流速>10m/s,>5% 流速≤10m/s,>8%	1. 安装位置的代表性差,例如:两股气流交汇处,存在涡流、旋流等;2. 安装地点强烈振动;3. 气流不稳定,变化大;4. 安装不正确,例如:流速 CMS 正对气流的 S 型皮托管与气流的方向不垂直,紧固法兰松动;5. 流速 CMS 探头被污染或腐蚀;6. 烟气流速低,仪器灵敏度不能满足测定的要求;7. 参比方法布设测点的点位和数量以及用参比方法比对时存在操作不当等	逐一分析原因,采取相应的措施(如可安装多点流速 CMS 等)
相关系数	≥9 个数据对时相关系数<0.90		

附录 C（资料性附录）

C.1　烟气流速和流量的计算

C.1.1　烟气流速的计算

- 皮托管法、热平衡法、超声波法（安装在矩形烟道）、靶式流量计法按式(1)～

（2）计算烟道断面平均流速：

$$\overline{V}_s = K_v \times \overline{V}_p \tag{1}$$

式中　K_v——速度场系数；

　　　$\overline{V}_p$——测定断面某一固定点或测定线上的湿排气平均流速，m/s；

　　　$\overline{V}_s$——测定断面的湿排气平均流速，m/s。

- 超声波测速法（安装在圆形烟道）按式（2）计算烟道断面平均流速：

$$\overline{V}_s = \frac{L}{2\cos\alpha}\left(\frac{1}{t_A} - \frac{1}{t_B}\right) \tag{2}$$

式中　L——安装在烟道上两侧 A（接收/发射器）与 B（接受/发射器）间的距离
　　　　　　（扣除烟道壁厚），m；

　　　α——烟道中心线与 AB 间的距离 L 的夹角；

　　　t_A——声脉冲从 A 传到 B 的时间（顺气流方向），s；

　　　t_B——声脉冲从 B 传到 A 的时间（逆气流方向），s。

C.1.2　烟气流量的计算

- 实际工况下的湿烟气流量 Q_s 按式（3）计算：

$$Q_s = 3600 \times F \times \overline{V}_s \tag{3}$$

式中　Q_s——实际工况下湿烟气流量，m³/h；

　　　F——测定断面的面积，m²。

- 标准状态下干烟气流量 Q_{sn} 按式（4）计算：

$$Q_{sn} = Q_s \times \frac{273}{273+t_s} \times \frac{B_a+P_s}{101325} \times (1-X_{sw}) \tag{4}$$

式中　Q_{sn}——标准状态下干烟气流量，m³/h；

　　　B_a——大气压力，Pa；

　　　P_s——烟气静压，Pa；

　　　t_s——烟温，℃；

　　　X_{sw}——烟气中含湿量，%。

C.2　颗粒物或气态污染物浓度和排放率计算

C.2.1　颗粒物或气态污染物排放浓度按式（5）计算：

$$C' = bx + a \tag{5}$$

式中　C'——标准状态下干烟气中颗粒物或气态污染物浓度，mg/m³，（当气态污染
　　　　　　物 CEMS 符合相对准确度要求时，$C'=x$）

　　　x——CEMS 显示值；

　　　b——回归方程斜率；

　　　a——回归方程截距，mg/m³。

当气态污染物显示浓度单位为 μmol/mol 时，SO_2、NO 和 NO_2 换算为标准状态

下 mg/m^3 的换算系数：

    SO_2：$1\mu mol/mol = 64/22.4 mg/m^3$

    NO：$1\mu mol/mol = 30/22.4 mg/m^3$

    NO_2：$1\mu mol/mol = 46/22.4 mg/m^3$

C.2.2   颗粒物或气态污染物折算排放浓度按式(6)计算：

$$\bar{C} = \bar{C}' \times \frac{\alpha'}{\alpha} \tag{6}$$

式中 $\bar{C}$——折算成过量空气系数为 α 时的颗粒物或气态污染物排放浓度，mg/m^3；

        $\bar{C}'$——标准状态下颗粒物或气态污染物实测平均浓度，mg/m^3；

        α'——在测点实测的过量空气系数；

        α——有关排放标准中规定的过量空气系数。

过量空气系数按式(7)计算：

$$\alpha = \frac{21}{21 - X_{O_2}} \tag{7}$$

式中 X_{O_2}——烟气中氧的体积百分数，%。

C.2.3   颗粒物或气态污染物排放率按式(8)计算：

$$G = \bar{C}' \times Q_{sn} \times 10^{-6} \tag{8}$$

式中 G——颗粒物或气态污染物排放率，kg/h；

        Q_{sn}——标准状态下干排烟气量，m^3/h。

C.3   颗粒物或气态污染物累积排放量计算

    烟尘或气态污染物的累积排放量按下列公式(9)~(11)计算：

$$G_d = \sum_{i=1}^{24} Gh_i \times 10^{-3} \tag{9}$$

$$G_m = \sum_{i=1}^{31} Gd_i \tag{10}$$

$$G_y = \sum_{i=1}^{365} Gd'_i \tag{11}$$

式中 G_d——烟尘或气态污染物日排放量，t/d；

        G_{hi}——该天中第 i 小时烟尘或气态污染物排放量，kg/h；

        G_m——烟尘或气态污染物月排放量，t/m；

        Gd_i——该月中第 i 天的烟尘或气态污染物排放量，t/d；.

        G_y——烟尘或气态污染物年排放量，t/a；

        Gd'_i——该年中第 i 天烟尘或气态污染物日排放量，t/d。

C.4   烟气中氧量、CO_2 的测定和计算

    由烟气 CEMS 配置的氧 CMS 连续测定烟气中的氧量。

    按式(12)计算烟气中的 CO_2 含量：

$$CO_2 = CO_{2max}\left(1 - \frac{O_2}{20.9/100}\right) \tag{12}$$

式中　CO_{2max}——燃料燃烧产生的最大 CO_2 体积百分比，Vol %；

由 CO_{2max} 近似值下表 B-1 查得。

表 C-1　CO_{2max} 近似值表

燃料类型	烟煤	贫煤	无烟煤	燃料油	石油气	液化石油气	湿性天然气	干性天然气	城市煤气
CO_{2max}（%）	18.4～18.7	18.9～19.3	19.3～20.2	15.0～16.0	11.2～11.4	13.8～15.1	10.6	11.5	10.0

C.5　火电厂湿法脱硫装置未安装 GGH（气-气换热器）时颗粒物浓度的测定和计算

火电厂湿法脱硫装置后未安装烟气 GGH 的烟道内，由于水分的干扰，颗粒物 CEMS 无法准确测定其浓度，颗粒物 CEMS 可安装在脱硫装置前的管段中，通过用参比方法同步测定湿法脱硫装置进、出口的颗粒物排放量并按式（13）计算出其颗粒物排放浓度系数，其实际排放浓度值按式（14）计算：

$$K = G_1/G_2 \tag{13}$$

$$C_1 = K \times C_2 \tag{14}$$

式中　K——颗粒物排放浓度系数；

G_1——参比方法测得的湿法脱硫装置出口颗粒物排放量，kg/h；

G_2——参比方法测得的湿法脱硫装置进口颗粒物排放量，kg/h；

C_1——计算所得的湿法脱硫装置出口颗粒物排放浓度，mg/m³；

C_2——湿法脱硫装置进口颗粒物 CEMS 所测得的颗粒物浓度，mg/m³。

C.6　气态污染物 CEMS 测定湿基值和干基值的换算

采用稀释系统测定气态污染物时，按下式（15）～（16）换算成干烟气中污染物浓度：

- 稀释样气未除湿

$$C_d = C_w/(1 - X_{SW}) \tag{15}$$

式中　C_d——干烟气中被测污染物浓度值，mg/m³；

C_w——CEMS 测得的湿烟气中被测污染物浓度值，mg/m³；

X_{SW}——烟气含湿量，%。

- 稀释样气已除湿

$$C_d = C_{md}(1 - X_{SW}/r)/(1 - X_{SW}) \tag{16}$$

式中　C_{md}——CEMS 测得的干样气中被测污染物的浓度，mg/m³；

r——稀释比。

C.7　火电厂锅炉负荷的统计报表

将火电厂锅炉负荷实时监测数据用模拟信号或数字信号输入烟气 CEMS 的数据采集处理系统中，进行自动统计计算；或手工填写在表 D-9～D-11 烟气排放连续监测报表中。

C.8　锅炉停炉、闷炉时烟气参数的参考设定

当锅炉停炉、闷炉时，烟气 CEMS 仍然在检测和不断的由下位机上传数据，容易引起固定污染源监控系统的误判。可通过对烟气参数的设定，由下位机向上位机发出停炉、闷炉等标记。烟气参数的参考设定（视实际情况可调整）：

a. 静压压力传感器显示为锅炉满负荷显示值的 20％（限安装在引风机前）；

b. 流速显示为 2m/s 以下；

c. 氧量显示为 19％以上；

d. 烟温显示为 40℃以下。

以上可视实际情况对等设定也可按优先原则设定。

附录 D（规范性附录）

表 D-1　颗粒物 CEMS 零点和跨度漂移检测

测试人员＿＿＿＿＿＿＿＿＿　　CEMS 生产厂＿＿＿＿＿＿＿＿＿

测试地点＿＿＿＿＿＿＿＿＿　　CEMS 型号、编号＿＿＿＿＿＿＿＿＿

测试位置＿＿＿＿＿＿＿＿＿　　标准值＿＿＿＿＿＿＿＿＿

CEMS 原理＿＿＿＿＿＿＿＿＿

日期	时间		计量单位(mg/m³、mA、mV、不透明度％……)								备注
	开始	结束	零点读数 起始(Z_0)	零点读数 最终(Z_i)	零点漂移绝对误差 $\Delta Z=Z_i-Z_0$	调节零点否	上标校准读数 起始(S_0)	上标校准读数 最终(S_i)	跨度漂移绝对误差 $\Delta S=S_i-S_0$	调节跨度否	清洁镜头否
零点漂移绝对误差最大值						跨度漂移绝对误差最大值					
零点漂移						跨度漂移					

表 D-2　参比方法校验颗粒物 CEMS

测试人员＿＿＿＿＿＿＿＿＿＿＿＿＿＿＿＿＿　　CEMS 生产厂＿＿＿＿＿＿＿＿＿＿＿＿＿＿

测试地点＿＿＿＿＿＿＿＿＿＿＿＿＿＿＿＿＿　　CEMS 型号、编号＿＿＿＿＿＿＿＿＿＿＿

测试位置＿＿＿＿＿＿＿＿＿＿＿＿＿＿＿＿＿　　CEMS 原理＿＿＿＿＿＿＿＿＿＿＿＿＿＿

参比方法仪器生产厂＿＿＿＿＿＿＿＿＿＿＿　　型号、编号＿＿＿＿＿＿原理＿＿＿＿＿

日期	时间（时、分）	参比方法					CEMS 法	颗粒物颜色	备注
		序号	滤筒编号	颗粒物重（mg）	采气体积（NL）	浓度（mg/m³）	测定值（无量纲）		

一元线性方程式：　　　　　　　　　　　　　　相关系数：

表 D-3　气态污染物 CEMS（含氧量或 CO_2）零点和跨度漂移检测

测试人员＿＿＿＿＿＿＿＿＿＿＿＿＿＿　CEMS 生产厂＿＿＿＿＿＿＿＿＿＿＿＿＿＿

测试地点＿＿＿＿＿＿＿＿＿＿＿＿＿＿　CEMS 型号、编号＿＿＿＿＿＿＿＿＿＿＿＿

测试位置＿＿＿＿＿＿＿＿＿＿＿＿＿＿　CEMS 原理＿＿＿＿＿＿＿＿＿＿＿＿＿＿＿

标准气体浓度或校准器件的已知响应值＿＿＿＿＿＿＿＿＿污染物名称＿＿＿＿＿＿＿＿＿

序号	日期	时间	计量单位（$\mu g/m^3$、mg/m^3、$10^{-6}\mu mol/mol$、$\mu mol/mol$、……）								备注
			零点读数		零点漂移绝对误差	%满量程	上标校准读数		跨度漂移绝对误差	%满量程	
			起始（Z_0）	最终（Z_i）	$\Delta Z = Z_i - Z_0$		起始（S_0）	最终（S_i）	$\Delta S = S_i - S_0$		
零点漂移绝对误差最大值						跨度漂移绝对误差最大值					
零点漂移						跨度漂移					

表 D-4　气态污染物 CEMS 线性误差和响应时间检测

测试人员＿＿＿＿＿＿＿＿＿＿＿＿＿＿　CEMS 生产厂＿＿＿＿＿＿＿＿＿＿＿＿＿＿

测试地点＿＿＿＿＿＿＿＿＿＿＿＿＿＿　CEMS 型号、编号＿＿＿＿＿＿＿＿＿＿＿＿

测试位置＿＿＿＿＿＿＿＿＿＿＿＿＿＿　CEMS 原理＿＿＿＿＿＿＿＿＿＿＿＿＿＿＿

标准气体浓度或校准器件的已知响应值：低浓度＿＿＿＿＿＿中浓度＿＿＿＿＿＿高浓度＿＿＿＿＿＿

污染物名称＿＿＿＿＿＿＿＿＿＿计量单位＿＿＿＿＿＿＿＿＿

测试日期＿＿＿＿＿年＿＿＿＿月＿＿＿＿日

序号	标准气体或校准器件参考值	CEMS 显示值	CEMS 显示值的平均值	线性误差（%）	响应时间(s)		备注
					测定值	平均值	

表 D-5　参比方法评估气态污染物 CEMS 相对准确度

测试人员＿＿＿＿＿＿＿＿＿＿＿＿＿　　CEMS 生产厂＿＿＿＿＿＿＿＿＿＿＿＿＿＿＿＿＿

测试地点＿＿＿＿＿＿＿＿＿＿＿＿＿　　CEMS 型号、编号＿＿＿＿＿＿＿＿＿＿＿＿＿＿＿

测试位置＿＿＿＿＿＿＿＿＿＿＿＿＿　　CEMS 原理＿＿＿＿＿＿＿＿＿＿＿＿＿＿＿＿＿＿＿

参比方法仪器生产厂＿＿＿＿＿＿＿　　型号、编号＿＿＿＿＿＿＿＿　原理＿＿＿＿＿＿＿

测试日期＿＿＿＿＿年＿＿＿月＿＿＿日　污染物名称＿＿＿＿＿＿＿　计量单位＿＿＿＿＿

样品编号	时间 （时、分）	参比方法（RM） A	CEMS 法 B	数据对差＝ B-A
平均值				
数据对差的平均值的绝对值				
数据对差的标准偏差				
置信系数				
相对准确度				

标准气体	名称	保证值	参比方法测定结果		相对误差（%）	
			采样前	采样后	采样前	采样后

表 D-6　速度场系数检测

测试人员＿＿＿＿＿＿＿＿＿＿＿＿　CMS 生产厂＿＿＿＿＿＿＿＿＿＿＿＿

测试地点＿＿＿＿＿＿＿＿＿＿＿＿　CMS 型号、编号＿＿＿＿＿＿＿＿＿＿

测试位置＿＿＿＿＿＿＿＿＿＿＿＿　CMS 原理＿＿＿＿＿＿＿＿＿＿＿＿＿

参比方法仪器生产厂＿＿＿＿＿＿　型号、编号＿＿＿＿＿＿＿原理＿＿＿＿

参比方法计量单位＿＿＿＿＿＿＿　CMS 计量单位＿＿＿＿＿＿＿＿＿＿＿

日期	方法	测定次数									平均值	标准偏差	相对标准偏差（%）
		1	2	3	4	5	6	7	8	9			
	手工												
	CMS												
	场系数												
	手工												
	CMS												
	场系数												
	手工												
	CMS												
	场系数												
	手工												
	CMS												
	场系数												
速度场系数均值				标准偏差				相对标准偏差（%）						

表 D-7　参比方法校验流速 CMS

测试人员＿＿＿＿＿＿＿＿＿＿＿＿　CMS 生产厂＿＿＿＿＿＿＿＿＿＿＿＿

测试地点＿＿＿＿＿＿＿＿＿＿＿＿　CMS 型号、编号＿＿＿＿＿＿＿＿＿＿

测试位置＿＿＿＿＿＿＿＿＿＿＿＿　CMS 原理＿＿＿＿＿＿＿＿＿＿＿＿＿

参比方法仪器生产厂＿＿＿＿＿＿　型号、编号＿＿＿＿＿＿＿原理＿＿＿＿

参比方法计量单位＿＿＿＿＿＿＿　CMS 计量单位＿＿＿＿＿＿＿＿＿＿＿

　　　　　　　　　　　　　　　测试日期＿＿＿＿年＿＿＿月＿＿＿日

序号	CMS 显示值	手工	序号	CMS 显示值	手工	序号	CMS 显示值	手工
1			6			11		
2			7			12		
3			8			13		
4			9			14		
5			10			15		
一元线性方程式：					相关系数：			

表 D-8　颗粒物 CEMS/流速 CMS/温度 CMS 准确度检测

测试人员＿＿＿＿＿＿＿＿＿＿　　CEMS 生产厂＿＿＿＿＿＿＿＿＿＿＿＿＿＿＿＿

测试地点＿＿＿＿＿＿＿＿＿＿　　CEMS 型号、编号＿＿＿＿＿＿＿＿＿＿＿＿＿＿

测试位置＿＿＿＿＿＿＿＿＿＿　　CEMS 原理＿＿＿＿＿＿＿＿＿＿＿＿＿＿＿＿＿

参比方法仪器生产厂＿＿＿＿＿＿　型号、编号＿＿＿＿＿＿＿＿原理＿＿＿＿＿＿＿

日期	时间(时、分)	参比方法							CEMS 法			颗粒物颜色	备注
		序号	滤筒编号	颗粒物重(mg)	采气体积(NL)	浓度(mg/m³)	流速(m/s)	温度(℃)	测定值(mg/m³)	流速(m/s)	温度(℃)		

颗粒物浓度平均值(mg/m³)	
流速平均值(m/s)	
烟温平均值(℃)	
颗粒物相对误差(%)	
流速相对误差(%)	
烟温绝对误差(℃)	

表 D-9 固定污染源烟气 CEMS 验收测试报告

项目编号：

验收地点：   验收日期：

CEMS 主要仪器型号		
仪器名称	制造单位	型号

项目	参比法数据	CEMS 数据	限值	监测结果
颗粒物				
二氧化硫				
氮氧化物				
流速（速度场系数）				
烟温				
氧量				

结论

所用标准气体名称	浓度值	生产厂商名称

参比方法	所用仪器名称	型号	方法依据

备注

表 D-10　烟气排放连续监测小时平均值日报表

排放源名称：_____

排放源编号：_____　监测日期：＿＿＿年＿＿月＿＿日

时间	颗粒物			SO₂			NOₓ			标态流量 m³/h	氧量 %	烟温 ℃	含湿量 %	负荷 %	备注
	mg/m³	折算 mg/m³	kg/h	mg/m³	折算 mg/m³	kg/h	mg/m³	折算 mg/m³	kg/h						
00～01															
01～02															
02～03															
03～04															
04～05															
05～06															
06～07															
07～08															
08～09															
09～10															
10～11															
11～12															
12～13															
13～14															
14～15															
15～16															
16～17															
17～18															
18～19															
19～20															
20～21															
21～22															
22～23															
23～24															
平均值															
最大值															
最小值															
样本数															
日排放总量(t)		—			—			—		—					

烟气日排放总量单位：×10⁴ m³/d。

上报单位（盖章）：　　　负责人：　　　报告人：　　　报告日期：　　　年　　月　　日

表 D-11　烟气排放连续监测日平均值月报表

排放源名称：_____

排放源编号：_____　　　监测月份：_____年_____月

日期	颗粒物			SO₂			NOₓ			标态流量 ×10⁴ m³/d	氧量 %	烟温 ℃	含湿量 %	负荷 %	备注
	mg/m³	折算 mg/m³	t/d	mg/m³	折算 mg/m³	t/d	mg/m³	折算 mg/m³	t/d						
1 日															
2 日															
3 日															
4 日															
5 日															
6 日															
7 日															
8 日															
9 日															
10 日															
11 日															
12 日															
13 日															
14 日															
15 日															
16 日															
17 日															
18 日															
19 日															
20 日															
21 日															
22 日															
23 日															
24 日															
25 日															
26 日															